人工智能与大数据专业群人才培养系列教材

人工智能技术导论

赖小平 ◎ 主　编

沙晓艳　奚文娟　周云飞 ◎ 副主编

正月十六工作室 ◎ 组　编

电子工业出版社
Publishing House of Electronics Industry
北京·BEIJING

内 容 简 介

本书将围绕人工智能职业标准展开，秉持"以学生为中心—职业标准融入—思政教育融入"的编写理念，通过项目案例激发学生的学习兴趣。

本书结合人工智能学科的已有成果及编者的教学实践，以全面、基础、典型、新颖为原则，系统地介绍人工智能的技术基础，包括机器学习、计算机视觉、智能语音、自然语言处理、AIGC 等热点及前沿问题。本书以"概述+案例"的模式编写，使教材内容泛而不空，使读者了解和学习人工智能的基础知识和初步技能，建立利用科学方法解决问题的创新思维，以适应教学需求。

本书概念清晰，结构合理，叙述简明易懂，适合高职、技师、应用型本科的学生使用。

图书在版编目（CIP）数据

人工智能技术导论 / 赖小平主编. -- 北京 ： 电子工业出版社，2024. 8. -- ISBN 978-7-121-48649-4

Ⅰ. TP18

中国国家版本馆 CIP 数据核字第 20249AB161 号

责任编辑：李　静

印　　刷：三河市兴达印务有限公司

装　　订：三河市兴达印务有限公司

出版发行：电子工业出版社

　　　　北京市海淀区万寿路 173 信箱　　　　邮编：100036

开　　本：787×1092　　1/16　　印张：13　　字数：308 千字

版　　次：2024 年 8 月第 1 版

印　　次：2025 年 3 月第 3 次印刷

定　　价：39.80 元

凡所购买电子工业出版社图书有缺损问题，请向购买书店调换。若书店售缺，请与本社发行部联系，联系及邮购电话：（010）88254888，88258888。

质量投诉请发邮件至 zlts@phei.com.cn，盗版侵权举报请发邮件至 dbqq@phei.com.cn。

本书咨询联系方式：（010）88254604，lijing@phei.com.cn。

前 言

党的二十大报告指出，推动战略性新兴产业融合集群发展，构建新一代信息技术、人工智能、生物技术、新能源、新材料、高端装备、绿色环保等一批新的增长引擎。

为贯彻落实党的二十大精神，以培养高素质技能人才助推产业和技术发展，建设现代化产业体系，编者依据新一代信息技术领域的岗位需求和院校专业人才目标编写了本书。

随着信息技术飞速发展，人工智能（Artificial Intelligence，AI）已经成为推动社会进步和科技革命的重要力量。它不仅改变了我们的工作方式，还深刻地影响着我们的生活、学习和思考模式。因此，学生应具备人工智能视野，应对人工智能的基本概念、原理、技术及应用有一个全面的了解。

本书旨在为读者提供一个关于人工智能领域的综合性介绍，无论是计算机相关专业的学生，还是对人工智能感兴趣的跨学科专业人士，本书都将作为一个坚实的起点。我们试图将复杂的理论和技术问题以易于理解的方式呈现，同时保持学术严谨性，确保内容的深度和广度。

在编写本书的过程中，我们遵循以下几个原则。

（1）广泛覆盖：本书涵盖了人工智能的主要领域，包括发展、理论基础、算法、技术、伦理和社会影响等，为读者提供了一个全面的人工智能知识框架。

（2）理论与实践相结合：本书不仅介绍了人工智能的理论知识，还通过案例研究和实际应用，展示了这些理论是如何转化为实际技术的。

（3）通俗易懂：人工智能是一个高度专业化的领域，我们努力使内容通俗易懂，以便不同背景的读者都能够理解和吸收。

（4）前沿性：人工智能是一个快速发展的领域，本书尽可能地包含了最新的研究成果和发展动态，以便读者能够掌握最前沿的知识。

（5）启发性：我们鼓励读者不仅要学习现有的知识，还要培养创新思维和解决问题的能力，以应对未来可能出现的挑战。

本书适合作为高职及应用型本科课程的教材，也可以作为对人工智能感兴趣的自学者的学习指南。为了帮助读者更好地理解和应用书中的概念，我们在每章的末尾都提供了习题。作为教学用书使用时，参考学时为 32 学时，学时分配表如表 1 所示。

表 1　学时分配表

章节	参考学时
第 1 章　人工智能概述	4
第 2 章　机器学习	6
第 3 章　计算机视觉	6
第 4 章　智能语音	4
第 5 章　自然语言处理与 AIGC	6
第 6 章　人工智能应用开发环境及工具	4
课程考评	2
学时总计	32

本书主编为赖小平，副主编为沙晓艳、奚文娟、周云飞，相关编者详细信息如表 2 所示。

表 2　相关编者详细信息

参编单位	编者姓名
广东交通职业技术学院	赖小平、周云飞、黄君羡
陕西职业技术学院	沙晓艳
广东机电职业技术学院	奚文娟
荔峰科技（广州）有限公司	林明静
正月十六工作室	王乐平

在此，感谢所有参与本书编写和审阅的同事和专家，他们的贡献使得本书的质量得到了保证。由于编者水平有限，书中难免有不足之处，恳请广大读者批评指正。

编　者

2024 年 2 月

各位读者在学习本书过程中如有问题请联系邮箱 7364540@qq.com。

教材资源服务交流 QQ 群
（QQ 群号：684198104）

目 录

第1章

1

人工智能概述

教学目标

- 了解人工智能的定义、分类及应用领域。
- 熟悉人工智能的起源和发展。
- 掌握人工智能的技术框架。
- 理解发展人工智能的战略意义。

1.1 人工智能简介

人工智能定义和
分类

人工智能应用于城市生活、医疗、教育、通信等领域，人工智能技术渐渐走进人们生活。机器人索非亚获得沙特国籍、AlphaGO 战胜人类最强棋手、人脸识别协助警方抓捕犯人、手机多国语言在线翻译、无人驾驶汽车等，让人们感到超级震撼。

1.1.1 人工智能的定义

人工智能被认为是 21 世纪三大尖端技术（人工智能、纳米科学、基因工程）之一。"人工智能"一词最初是在 1956 年的达特茅斯会议上由麦卡锡提出的。达特茅斯会议指出人工智能是一门科学，是使机器做那些人需要通过智能来做的事情。关于人工智能的科学定义，学术界目前还没有统一的阐述。下面是部分学者提出的关于人工智能的定义。

定义一：人工智能就是让人觉得不可思议的计算机程序。这是大多数普通人对人工智能的认知，如跳棋、围棋等。

定义二：人工智能就是与人类思考方式相似的计算机程序。这是人工智能发展旦期流行的一种定义方式，如专家系统、机器翻译等。

定义三：人工智能就是与人类行为相似的计算机程序。这是从实用主义角度给出的阐述，如麻省理工学院开发的"智能"聊天程序 ELIZA。

定义四：人工智能就是会学习的计算机程序。这反映了当代主流技术——机器学习（深度学习），如物品分类和预测程序。

定义五：人工智能就是根据对环境的感知，做出合理的行动，并获得最大收益的计算机程序。这强调了人工智能可以根据环境感知做出主动反应，如自动驾驶。

综合以上定义，本书给出的定义是人工智能是模拟实现人的抽象思维和智能行为的技术，即通过利用计算机软件模拟人类特有的大脑抽象思维能力和智能行为，如学习、思考、判断、推理等，完成原本需要人的智力才可胜任的工作。

1.1.2　人工智能的分类

从发展程度的角度来看，人工智能可以分为三大类：弱人工智能、强人工智能、超人工智能，如图 1-1 所示。

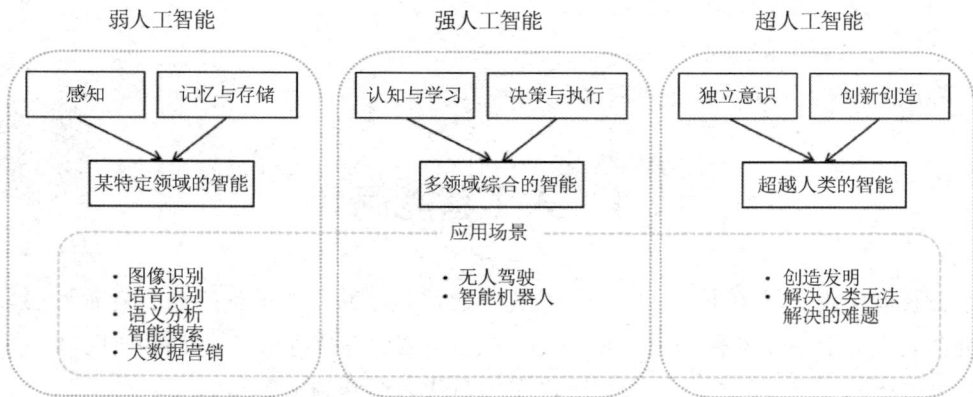

图 1-1　人工智能的分类

1．弱人工智能

弱人工智能（Artificial Narrow Intelligence，ANI）是指不能制造出真正的推理和解决问题的智能机器，这些机器看起来像是智能的，但是并不真正拥有智能，也不会拥有自主意识。弱人工智能只是经过人工智能训练并专注于执行特定任务的机器。例如，能战胜围棋世界冠军的人工智能 AlphoGo，但是它只会下围棋，如果我们问它其他的问题，那么它就不知道怎么回答了。

目前，弱人工智能主要应用于数字助手、智能推荐、人脸识别等方面，主要通过感知、记忆与存储技术实现某特定领域的智能。

2. 强人工智能

强人工智能（Artificial General Intelligence，AGI）是指一种能够像人一样思考、学习和决策的人工智能，主要通过认知与学习、决策与执行等实现多领域综合智能。这是一种类似人类级别的、在各方面都能和人类比肩的人工智能。与目前的人工智能相比，强人工智能具有更高的智能水平和更广泛的应用范围。强人工智能能够像人一样理解语言、识别图像、解决问题、做出决策等，可以应用于医疗、金融、交通、安防等领域。

目前，强人工智能主要应用于无人驾驶/自动驾驶、GPT4 与文心一言等各类大语言模型，以及 ChatGPT 等超级人工智能工具，相信后续还将有更多颠覆性的应用。

3. 超人工智能

超人工智能（Artificial Super Intelligence，ASI）是指在各方面都比人类强大得多的人工智能。这是一种基本在所有领域都比人类的大脑强的人工智能，包括社交能力、科技创新能力等。超人工智能的发展引发了广泛的讨论和担忧，因为它可能会对人类社会产生巨大的影响，甚至导致永生或灭绝。因此，我们需要谨慎地控制超人工智能的发展。

现在人类对于弱人工智能已经基本掌握，逐步实现强人工智能，直到实现超人工智能。其实无论什么人工智能，都要好好把握，期待未来人工智能带给我们的福音。

1.1.3　人工智能的起源和发展

关于如何界定机器智能，且在人工智能学科还未诞生之前，计算机科学之父阿兰·图灵在 1950 年就提出了"图灵测试"（Turing Test）：让一位测试者分别与一台计算机和一个人进行交谈，测试者事先并不知道哪一个是人，哪一个是计算机。如果交谈后测试者分不出哪一个是人和哪一个是计算机，则认为这台计算机具有智能。图灵测试如图 1-2 所示。

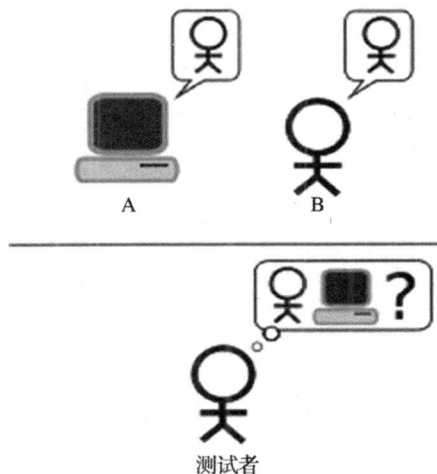

人工智能的发展和应用

图 1-2　图灵测试

1956 年夏天，约翰·麦卡锡、马文·闵斯基（人工智能与认知学专家）、克劳德·香农（信息论的创始人）、艾伦·纽厄尔（计算机科学家）、赫伯特·西蒙（诺贝尔经济学奖得主）等科学家在达特茅斯学院召开研讨会，提出了人工智能的概念。达特茅斯会议是人类历史上第一次人工智能研讨会，被认为是人工智能诞生的标志。该会议确定了人工智能的目标是"实现能够像人类一样利用知识去解决问题的机器"。

自诞生以来，人工智能便在充满未知的道路上探索，曲折起伏，我们可将这段发展历程大致划分为 6 个阶段，如图 1-3 所示。

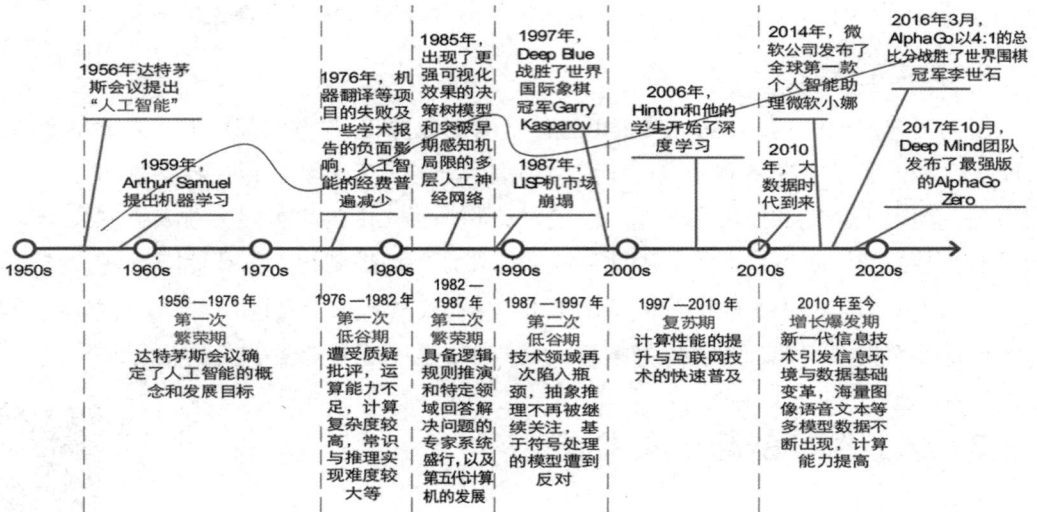

图 1-3　人工智能的发展历程

1．第一次繁荣期（1956—1976 年）

1956 年是人工智能元年，伴随着"人工智能"这一概念的兴起，人们对人工智能的未来充满了想象，人工智能迎来第一次繁荣期。这一阶段，人工智能主要用于解决代数、几何问题，以及学习和使用英语程序，研发主要围绕机器的逻辑推理能力展开。20 世纪 60 年代，自然语言处理和人机对话技术的突破性发展，大大提升了人们对人工智能的期望，也将人工智能带入了第一波高潮。这个阶段产生了很多理论基石，不仅成为了人工智能的理论基石，还成为了计算机领域的基石。

2．第一次低谷期（1976—1982 年）

人工智能发展初期的突破性进展大大提升了人们对人工智能的期望，人们开始尝试更具挑战性的任务，但受限于当时计算机算力不足，同时由于国会压力下美英政府于 1973 年停止向没有明确目标的人工智能研究项目拨款，人工智能研发变现周期拉长、行业遇冷。

1974 年，哈佛大学沃伯斯（Paul Werbos）博士的论文中首次提出了通过误差的反向传播（BP）来训练人工神经网络，但在该阶段并未引起重视。

1977 年，海斯·罗思（Hayes Roth）等人的基于逻辑的机器学习系统取得了较大的进展，但只能学习单一概念，也未能投入实际应用。

3. 第二次繁荣期（1982—1987年）

这一阶段，科学家开始从公用的人工智能技术转变为能够解决某一领域问题的专家系统，并且实现了应用。专家系统是一种基于规则的人工智能系统，它可以模拟人类专家的知识和经验，用于解决特定领域的问题。最早的专家系统是 1968 年由费根·鲍姆研发的DENDRAL 系统，可以帮助化学家判断某特定物质的分子结构；DENDRAL 系统首次对知识库提出了定义，也为第二次人工智能发展浪潮埋下了伏笔。

1982 年，约翰·霍普菲尔德（John Hopfield）发明了霍普菲尔德神经网络，这是最早的循环神经网络的雏形。霍普菲尔德神经网络模型是一种单层反馈神经网络（神经网络主要分为前馈神经网络、反馈神经网络及图网络），从输出到输入有反馈连接。它的出现振奋了神经网络领域，在人工智能的机器学习、联想记忆、模式识别、优化计算、VLSI 和光学设备的并行实现等方面有着广泛应用。

1986 年，辛顿（Geoffrey Hinton）等人先后提出了多层感知器（MLP）与反向传播训练相结合的理念（该理念在当时算力上还是有很多挑战的，基本上都与链式求导的梯度算法相关），解决了单层感知器不能做非线性分类的问题，开启了神经网络新一轮的高潮。

4. 第二次低谷期（1987—1997年）

1987 年，个人计算机变得比人工智能多年的研究成果——专家系统（LISP 机）更强大。专家系统最初取得的成功是有限的，专家系统的实用性只局限于特定领域，同时升级难度大、维护成本居高不下，行业发展再次遇到瓶颈。1990 年，人工智能 DARPA 项目失败，宣告人工智能再次进入低谷期。不过，同时期 BP 神经网络的提出，为之后机器感知、交互的能力奠定了基础。

5. 复苏期（1997—2010年）

由于互联网技术的迅速发展，加速了人工智能的创新研究，促使人工智能技术进一步走向实用化，与人工智能相关的各个领域都取得了长足进步。在 21 世纪初期，由于专家系统的项目都需要编码太多的显式规则，降低了效率且增加了成本，因此人工智能研究的重心从基于知识系统转向了机器学习方向。机器学习是一种人工智能技术，它可以让计算机从数据中学习，并自动改进算法，以提高性能。这个阶段的代表性机器学习算法包括决策树、神经网络和遗传算法。

1997 年，国际商业机器公司（IBM）的深蓝超级计算机战胜了国际象棋世界冠军卡斯帕罗夫。深蓝超级计算机是基于暴力穷举实现国际象棋领域的智能，通过生成所有可能的走法，执行尽可能深的搜索，并不断对局面进行评估，尝试找出最佳走法。

2001 年，布雷曼博士提出了随机森林（Random Forest）理论。随机森林是将多个有差异的弱学习器（决策树）Bagging 并行组合，通过建立多个拟合较好且有差异模型去组合决策，以优化泛化性能的一种集成学习方法。多样差异性可减轻对某些特征噪声的依赖，降低方差（过拟合），组合决策可消除一些学习器间的偏差。

2006 年，杰弗里·辛顿及他的学生鲁斯兰·萨拉赫丁诺夫正式提出了深度学习（Deeping Learning）的概念，开启了深度学习在学术界和工业界的浪潮。2006 年也被称为深度学习元年，杰弗里·辛顿也因此被称为深度学习之父。

6．增长爆发期（2010 年至今）

随着大数据、云计算、互联网、物联网等信息技术的发展，泛在感知数据和图形处理器等计算平台推动了以深度神经网络为代表的人工智能技术飞速发展，大幅跨越了科学与应用之间的技术鸿沟，图像分类、语音识别、知识问答、人机对弈、无人驾驶等人工智能技术实现了重大的技术突破，迎来了人工智能的增长爆发期。

2016 年，AlphaGo 与围棋世界冠军、职业九段棋手李世石进行围棋人机大战，以 4∶1 的总比分获胜，震惊了整个世界。这就像一个爆点，彻底点燃了第三次人工智能浪潮，也让人工智能的发展延续到现在。

2017 年，AlphaGo Zero 在 AlphaGo 的基础上，结合强化学习进行了自我训练。它在下棋前完全不知道规则，通过自己的试验和摸索，洞悉棋局的规则，形成自己的决策。随着自我博弈次数的增加，神经网络逐渐调整，提升了胜率。更为厉害的是，随着训练的深入，AlphaGo Zero 还独立发现了游戏规则，并走出了新策略，为围棋这项传统游戏带来了新的见解。

2020 年，自然语言处理和计算机视觉技术得到了进一步的发展。自然语言处理方面出现了一系列新的技术，如 BERT、GPT 和 T5 等预训练模型，以及 GPT-3、GPT-4 等生成式模型；计算机视觉方面出现了一系列新的技术，如目标检测、图像分割和图像生成等。

2022 年 11 月底，人工智能对话聊天机器人 ChatGPT 一经推出，迅速在社交媒体上走红。ChatGPT 是人工智能技术驱动的自然语言处理工具，它能够基于在预训练阶段所见的模式和统计规律，生成回答，还能根据聊天的上下文进行互动，真正像人类一样聊天交流，甚至能完成撰写邮件、视频脚本、文案、翻译、代码、论文等任务。

人工智能技术应用方面近期的主要事件如图 1-4 所示。

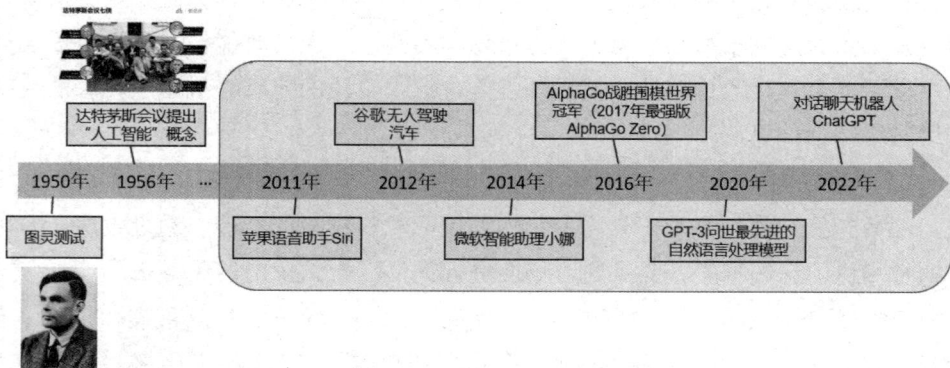

图 1-4　人工智能技术应用方面近期的主要事件

【思政课堂】向科学家致敬

2023 年，时代周刊公布了百大人工智能人物，在有影响力的领导者中，百度李彦宏、英伟达黄仁勋等上榜。

1. 李彦宏

李彦宏（百度 CEO、董事长兼联合创始人）是中国最杰出的未来主义者，长期投身于人工智能发展的浪潮。

自 2000 年创立中国最受欢迎的搜索引擎百度以来，李彦宏的使命就是更好地理解和预测人类行为——百度在人工智能研究上已经投入数百亿美元。

百度推出了虚拟助手小度，以及在中国一些大城市运营的无人驾驶出租车车队，仅武汉就有 200 辆。

李彦宏在接受《时代》杂志采访时表示，最近生成式人工智能的爆炸式发展意味着现在是"一个非常激动人心的时刻""人工智能现在有能力进行各种各样的逻辑推理，这是以前无法做到的"。

2. 黄仁勋

视觉效果是黄仁勋（英伟达 CEO、总裁兼联合创始人）毕生的追求。在他 8 岁的时候，他先把打火机油喷到游泳池里，然后跳进游泳池，只为能从水下看火焰舞蹈的样子。"难以置信，我仍然记得那些美丽的画面"，他在中国的一个访谈节目中回忆道。

1993 年，黄仁勋创立了英伟达（Nvidia），将激情带入了整个行业。英伟达最初的职责是为日益奇幻和沉浸的游戏制造显卡。如今，黄仁勋在加州圣克拉拉的公司是全球 GPU 的主要生产商，推动了人工智能革命，英伟达的股价在 2023 年飙升了191%，达到 8 月底的 1.1 万亿美元估值。

随着 ChatGPT 等大型语言模型的爆炸式增长，对英伟达芯片的需求激增，英伟达最新的 GH200 处理器于 2023 年 8 月 4 日发布，大大减少了人工智能的训练时间。

1.1.4　人工智能的应用领域

人工智能可以应用于各种领域，如自动驾驶、语音助手、智能机器人、医疗诊断、金融分析等。人工智能的发展能够改变人们的生活和工作方式，带来巨大的社会影响。人工智能的主要应用领域如图 1-5 所示。

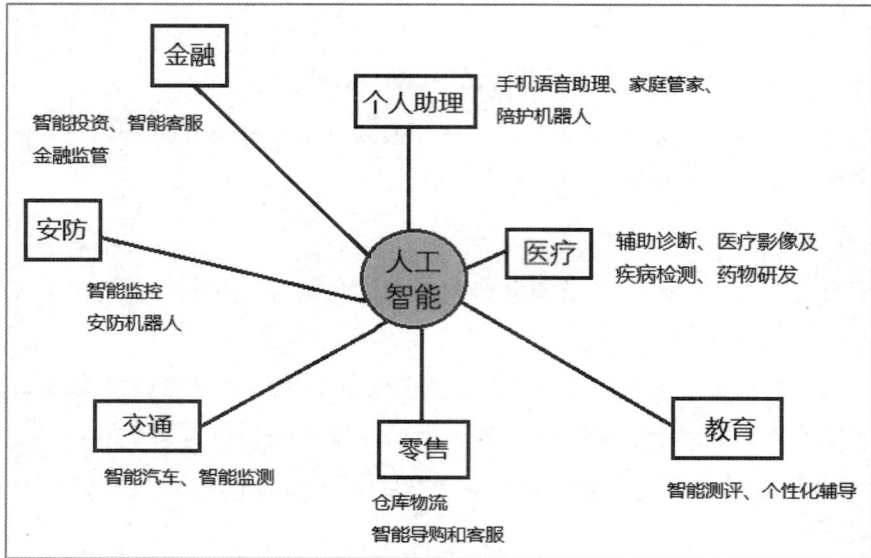

图 1-5　人工智能的主要应用领域

1. 医疗

人工智能在医疗领域有着广泛的应用，主要通过大数据、5G、云计算、AR/VRh 和人工智能等技术与医疗行业进行深度融合。通过智能医疗技术，可以实现辅助诊断、医疗影像及疾病检测、药物研发等功能，提高医疗效率和准确性。

2. 教育

人工智能在教育领域的应用包括图像识别、语音识别和人机交互等，可以改善教育行业师资分布不均衡、费用高昂等问题，通过智能分班排课、建设智慧校园、协助考勤招生等，提高教学效率。虽然人工智能不能直接改善教育内容，但在教育辅助工具方面，人工智能可以提供更有效的学习方式。

3. 金融

人工智能在金融领域的应用主要体现在股票交易、风险管理、反欺诈、投资组合管理和用户服务等方面。利用大数据、机器学习和自然语言处理等技术，帮助金融机构更好地了解用户需求，提供个性化的投资建议，并防范欺诈行为。此外，人工智能还可以提供投资组合管理和用户服务，进行自动化决策和风险评估，提高金融机构的效率和风险控制能力。

4. 安防

安防是利用人工智能系统进行的安全防范控制，主要应用在人体、行为、车辆、图像等方面进行分析。通过人工智能分析，可以实时识别场景，提供实时洞察。在公共安全领域，安防系统可以实现自动监控、实时报警等功能，有效防范犯罪行为。

5．交通

利用通信、信息和控制技术在交通系统中的集成应用，通过采集和分析交道数据，实现交通的智能调控。交通系统可以实时监测车辆流量、车速、行车环境等信息，通过算法进行交通流优化，提高通行能力和效率，简化交通管理，并降低环境污染。在我国，交通系统已经被广泛应用于城市道路交通管理、高速公路交通管理、航空交通管理等领域。

6．个人助理

个人助理利用人工智能技术，通过语音识别和自然语言处理等算法，对用户的语音指令或文字输入进行理解和处理，并为用户提供相应的服务或帮助。常见的个人助理有微软小冰、百度度秘、讯飞等。

7．零售

人工智能在零售领域的应用广泛，包括无人便利店、智能供应链、客流统计、无人仓库/无人车等。无人便利店通过大量智能物流机器人进行协同作业，利用人工智能和深度学习技术，完成各种复杂任务，提高运营效率；智能供应链利用人工智能技术，对商品进行精准的预测和推荐，提供个性化的购物体验；客流统计通过人工智能技术，对消费者的购买行为和偏好进行分析和预测，从而提供个性化的购物建议；无人仓库/无人车利用自动化技术，实现无人值守的仓储和物流管理，提高效率和便利性。

1.2　人工智能技术领域

中国科学院院士谭铁牛指出：人工智能是研究开发能够模拟、延伸和扩展人类智能的理论、方法、技术及应用的一门新的技术学科，研究目的是使智能机器会听（语音识别、实时翻译等）、会看（图像识别、文字识别等）、会说（语音合成、人机对话等）、会思考（人机对弈、定理证明等）、会学习（机器学习、知识表示等）、会行动（机器人、自动驾驶等），如图1-6所示。

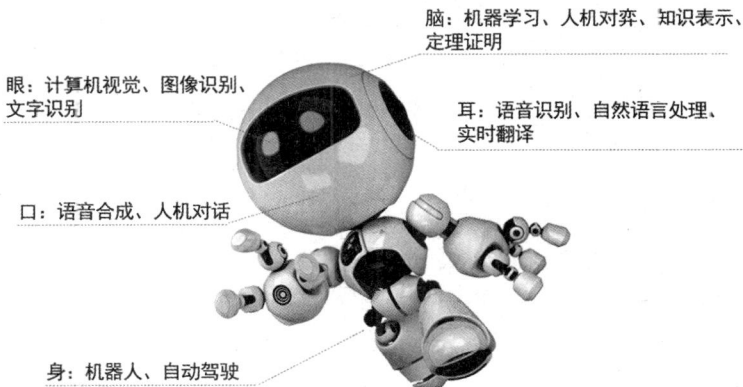

图 1-6　人工智能技术领域

1.2.1　人工智能四要素

人工智能四要素包括算法、算力、数据、场景，如图 1-7 所示。

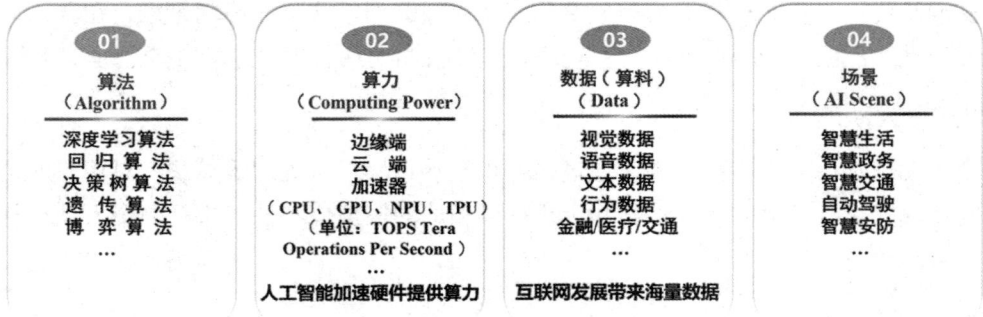

01 算法（Algorithm）	02 算力（Computing Power）	03 数据（算料）（Data）	04 场景（AI Scene）
深度学习算法 回归算法 决策树算法 遗传算法 博弈算法 …	边缘端 云端 加速器 （CPU、GPU、NPU、TPU） （单位：TOPS Tera Operations Per Second） … **人工智能加速硬件提供算力**	视觉数据 语音数据 文本数据 行为数据 金融/医疗/交通 … **互联网发展带来海量数据**	智慧生活 智慧政务 智慧交通 自动驾驶 智慧安防

图 1-7　人工智能四要素

1．算法

算法是实现智能决策和预测的数学模型，是实现人工智能的根本途径，是挖掘数据智能的有效方法。人工智能涵盖多种算法，如机器学习、深度学习和强化学习等。这些算法通过训练模型，从数据中学习并做出预测或决策。随着算法的不断创新和改进，人工智能在语音识别、图像处理、自然语言处理等领域取得了显著的成果，并为实现更高级别的人工智能能力提供了基础。

2．算力

托马斯·霍布斯提出：推理就是计算。算力是计算机系统处理复杂计算任务和大规模数据的能力，为人工智能提供基本计算能力的支撑。随着人工智能任务的复杂性不断增加，对于高效的计算能力需求日益增大。特别是深度学习等计算密集型任务，需要进行大量矩阵运算和神经网络模型训练，对计算能力提出了更高的要求。为了满足这种需求，专门设计的硬件设备如图形处理器（GPU）和专用人工智能芯片的应用变得越来越广泛。这些硬件设备具备并行计算能力和高效能运算，能够大幅度提升计算速度和效率，加速人工智能任务的处理过程。

3．数据

数据提供了学习的材料和训练的依据，大规模、高质量的数据对机器学习和深度学习等算法的训练和优化来说至关重要。数据可以来自多个渠道，包括结构化数据（如数据库）、非结构化数据（如文本、图像、音频和视频）及实时生成的数据（如传感器数据）。通过收集、清洗、转换和存储等数据处理过程，数据变得更加有用和可靠。同时，数据的多样性对人工智能的发展起到了推动作用。通过多源数据的组合和分析，可以获得更全面的信息，提高人工智能系统的准确性和预测能力。

不同于人工智能算法开源，关键数据往往是不开放的，数据隐私化、私域化是一种趋势，数据之于人工智能应用，如同流量之于互联网，有核心数据才有关键的人工智能能力。

4．场景

数据、算力、算法作为输入，只有在实际的场景中进行输出，才能体现出实际价值。

举个非常形象的类比：如果把烹饪作为我们的场景，那么数据相当于烹饪需要的食材，算力相当于烹饪需要的煤气（电力/柴火），算法相当于烹饪的方法和调料。随着人工智能模型规模的不断扩大，对计算资源的需求不断增加。高性能的硬件设备、海量场景数据、强大的算力基础和迭代升级的算法模型成为支持人工智能模型发展的关键。

1.2.2 人工智能技术框架

人工智能技术框架按照产业生态通常可以划分为基础层、技术层、应用层三大板块。其中，基础层提供了支撑人工智能应用的基础设施和技术，包括存储和处理大规模数据的能力，以及高性能的计算和通信基础设施；技术层提供了各种人工智能技术和算法，用于处理和分析数据，并提取有用的信息和知识；应用层是人工智能技术的最终应用领域，将技术层提供的算法和模型应用到具体的问题和场景中，实现智能化的决策和优化。

图 1-8 人工智能技术框架

1．基础层

基础层为人工智能系统提供最基本、最基础、最底层的业务服务，包含人工智能四要素中的算力和数据，以及运行在硬件资源上的软件平台，即对应图 1-8 中的基础硬件、软件平台和数据资源。

基础硬件是支撑人工智能系统运行所需的硬件设备资源，如人工智能芯片、存储设备、传感器和网络设备。其中，人工智能芯片是最重要的硬件资源，其为人工智能系统提供了算力。由于人工智能系统使用了大规模的数据训练、复杂的人工神经网络算法，因此人工智能芯片需要具备强大的并行计算能力，用于加速训练和推理过程。在硬件算力基础层，主要的目标是提高计算效率、降低能耗，以及打造适合人工智能计算的硬件架构。

数据资源是人工智能的燃料，训练投喂的数据质量直接决定了人工智能系统的性能指标。不同目的的人工智能系统需要训练不同类型的数据。例如，通用数据一般用于训练通用知识系统；行业数据用于训练行业知识系统；训练数据需要根据具体的算法确认是否需要标注及如何标注等。在人工智能系统中，数据的处理和应用也是非常复杂的一项任务，涉及的技术和知识有数据收集与清洗、数据存储与管理、数据预处理与特征工程、数据标注与注释、数据可视化与分析、隐私与安全保护等，这些技术和知识在人工智能中的数据处理中起到了关键作用。通过合理运用和整合这些技术和知识，可以更好地处理和应用数据，为人工智能系统提供有效的训练和决策依据。

有了基础硬件和数据资源，还需要通过软件平台进行整合，高效使用基础硬件完成对数据的训练和推理，其中涉及的软件平台有特定类型的操作系统、数据库处理软件、云计算及大数据平台等。

这种基础层、技术层和应用层的划分方式能够帮助人们理解人工智能生态的层次结构和应用流程，从基础设施到技术工具再到最终应用，逐步解释实现人工智能所需的资源和条件。人工智能的三层技术框架是相互交织和紧密关联的，各层次之间的功能和作用也存在重叠和互动。在实际应用中，还需要根据具体需求进行定制和整合，形成完整的人工智能解决方案。

2．技术层

技术层位于基础层之上，提供了各种人工智能技术和算法，用于处理和分析数据，并提取有用的信息和知识，主要包括人工智能框架、人工智能算法和应用算法。

人工智能框架是实现人工智能业务的软件基础框架，其利用人工智能算法完成整体业务框架的搭建，有完全开源的基础框架，如 TensorFlow、PyTorch、Transformer、GLM 等；也有不开源私有的框架，如 Caffe、CNTK；还有一些半开源的框架，就是部分开源，一些核心组件或基础功能是开放的，但也可能包含一些额外的专有组件或扩展，或者整个框架中的部分是开源的，如 Keras、MXNet、GPT 等。

根据人工智能框架的开源情况的不同，人工智能的开发模式也不同，分别是基于开源框架的开发模式和基于在线框架 API 的开发模式。基于开源框架的开发模式基于已经发布的开源框架系统进行开发和训练，由于源代码开放，开发者可以自由地查看、修改和定制系统，以适应特定的需求和任务。而基于在线框架 API 的开发模式基于部署在云端的大型机器学习或深度学习模型，通过接口或 API 的方式进行访问和使用，优点是开发者无须关注底层的硬件和软件架构，通过网络请求即可获得系统的预测结果。两种开发模式均有各自的优势，开发者可以根据具体的业务需求进行选择。

人工智能算法就是能够具体实现人工智能业务的数据计算方法，如机器学习算法、深度学习算法、人工神经网络算法等，和人工智能框架共同完成对数据的训练、优化和推理等任务。当前主流的生成式预训练模型就是一种人工智能算法，其还包含 3 种建模方式，如自编码模型、自回归模型、编码-解码模型，分别对应 BERT、GPT 和 Transformer 模型。

应用算法是基于人工智能框架和人工智能算法之上的涉及具体应用领域的业务计算，涉及计算机视觉、语音识别、自然语言处理等。

3．应用层

技术层提供了文本、语音、图像、视频、代码、策略、多模态的理解和生成能力，可以通过应用层具体应用于金融、电商、传媒、教育、游戏、医疗、工业、政务等领域，为企业级用户、政府机构用户、大众消费者用户提供产品和服务。

应用层是人工智能技术的最终应用领域，将技术层提供的算法和模型应用到具体的问题和场景中，实现智能化的决策和优化。在这一层，人工智能被集成到各种应用领域中，包括自然语言处理、计算机视觉、语音识别、智能推荐、无人驾驶等，可以给各行业进行赋能，通过深度融合实现业务智能，提高工作效率和质量。

应用层的主流方案会因具体应用领域的不同而有所不同。例如，在自然语言处理中，主流方案包括文本分类、情感分析、机器翻译等；在计算机视觉中，主流方案包括图像识别、物体检测、图像生成等。这些应用通过技术层提供的工具和模型，将人工智能技术应用于实际问题，并为用户提供智能化的服务和体验。

1.2.3　人工智能技术的发展趋势

1．框架：更易用的开发框架

目前，主流的人工智能框架有百度的飞桨 PaddlePaddle、谷歌的 TensorFlow、Facebook 的 PyTorch 等。各种人工智能框架都在朝着易用、全能的方向演进，不断降低人工智能的开发门槛。

2．算法：性能更优、体积更小的算法模型

性能更优的算法模型往往有着更大的参数量，大体积的算法模型在工业应用时会有运行效率的问题。越来越多的模型压缩技术被提出，在保证模型性能的同时，进一步压缩模型体积，适应工业应用的需求。

3．算力：端-边-云全面发展的算力

应用于云端、边缘设备、移动终端的人工智能芯片规模不断增长，进一步解决了人工智能的算力问题。

4．数据：更安全的数据共享

联邦学习模型在保证数据隐私安全的前提下，利用不同数据源合作训练模型，进一步突破了数据的瓶颈，如图 1-9 所示。

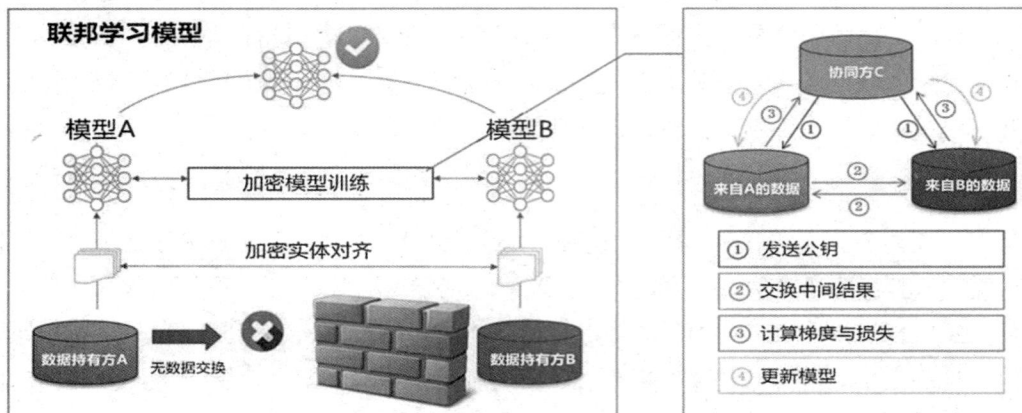

图 1-9　联邦学习模型

5．场景：不断突破的行业应用

随着人工智能在各个垂直领域的不断探索，人工智能的应用场景不断被突破。

（1）缓解心理健康问题：人工智能聊天机器人结合心理学知识，帮助缓解孤独症等心理健康问题。

（2）自动车险定损：人工智能技术帮助保险公司实现车险理赔优化，通过图像识别等深度学习算法完成车险定损。

（3）后端办公自动化：人工智能正在进行自动化管理工作，但数据的不同性质和格式使其成为一项具有挑战性的任务。尽管每个行业和应用都有其独特的挑战，但不同的行业正在逐步采用基于机器学习的工作流程解决方案。

1.3　人工智能的意义及挑战

近年来，人工智能技术取得飞速的发展，成为推动社会进步和经济发展的重要力量，深刻影响着人们的生活和工作方式。人工智能是引领未来的战略性技术，是开启未来智能世界的密钥，是未来科技发展的战略制高点，是推动人类社会变革的第四次工业革命。

谁掌握了人工智能，谁就会成为未来核心技术的掌控者。然而，随着人工智能应用的扩大，我们也面临着一系列重要的挑战和问题。

1.3.1 发展人工智能的战略意义

人工智能作为一项新兴技术，正以其强大的智能处理能力和广泛的应用前景，引起全球范围内的广泛关注。拥有人工智能技术将对各个领域的发展产生深远的影响，其战略意义不容忽视。

1. 对经济发展的推动作用

随着人工智能技术的不断进步和应用的不断扩大，能够从复杂数据中提取并分析出有价值信息的能力将为企业决策提供更加准确和可靠的依据，帮助企业提高效率和降低成本。此外，人工智能还能够创造新的商业模式和产业链，为经济发展注入新的动力。在智能制造、智慧交通、智能医疗等领域，人工智能的广泛应用将加速相关产业的升级和转型，推动经济实现可持续发展。

2. 对社会生活的改变和提升作用

人工智能的应用将极大地提高人们的生活质量和幸福感。例如，在智能家居领域，人工智能可以实现家庭设备的智能化控制和自动化管理，使人们的生活更加方便和舒适。在医疗领域，人工智能能够辅助医生进行疾病诊断和治疗方案的制定，提高医疗水平和效率，拯救更多的生命。此外，人工智能还能够改变教育方式，提供个性化的学习和培训服务，推动教育的全面发展。人工智能技术的普及和应用将为社会带来更多的便利和福祉。

3. 对国家安全和国防建设的重要作用

在国家安全领域，人工智能技术可以用于情报分析、安全监控、网络防御等方面，提高国家的安全防范能力。在国防建设中，人工智能能够广泛应用于军事装备的研发和指挥决策系统的建设，提高军队的作战能力和战斗力。同时，人工智能能够应用于灾害预警和应急响应等方面，提升国家的应急管理水平，保障国家和人民的安全。

4. 对全球竞争力的提升作用

作为一项关乎国家未来发展的重要技术，人工智能的发展水平和应用能力将直接影响一个国家的竞争力。拥有先进的人工智能技术和创新能力有助于一个国家在全球科技竞争中占据优势地位，推动国家实现跨越式发展。因此，各国都将人工智能作为提升国家竞争力的重要战略目标，并加大对人工智能领域的投入和支持力度。

【思政课堂】中国"1+N"政策体系

党的十九大以来，我国陆续出台了"1+N"政策体系，如图 1-10 所示，为人工智能发展提供了政策依据和制度保障。其中，"1"是指 2017 年国务院发布的《新一代人工智能发展规划》，这是我国在人工智能领域中的首个系统部署的文件，也是面向未来打造我国先发优势的顶层设计文件，将人工智能正式上升为国家战略，提出了面向 2030 年我国新一代人工智能发展的指导思想、战略目标、重点任务和保障措施。"N"是指顶层设计文件出台之后，部委层面陆续出台的关于人工智能产业的发展规划、行动计划、实施方案等落地政策，其中工信部、科技部发布的政策主要涉及数实融合、场景创新、区域创新等内容，国家标准委、国家发改委围绕标准体系、伦理规范、基础设施建设等内容开展工作。

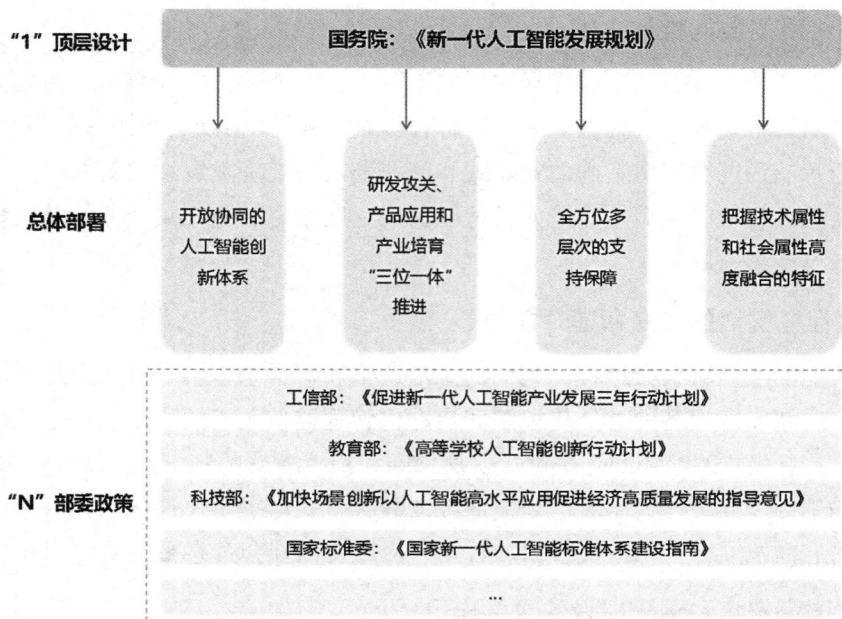

图 1-10　"1+N"政策体系

1.3.2　人工智能的挑战

随着人工智能技术的发展，人们越来越关注人工智能的伦理和社会问题。2020 年，研究人员和政策制定者开始探讨如何确保人工智能的公正性、透明性和责任性，以及如何保护个人隐私和数据安全等问题。同时，人工智能的发展带来了一些新的社会问题，如人工智能对就业的影响，人工智能的伦理和道德问题等。

1. 个人隐私和数据安全问题

人工智能的发展需要大量的数据支持，然而，数据的采集和存储带来了隐私和安全问题。由于个人隐私的泄露和滥用，人们对于数据的收集和使用越来越担忧。同时，在人工智能的应用中，如何保证数据安全和防止黑客攻击是一大挑战。

2. 人工智能的伦理和道德问题

人工智能的发展也涉及一系列伦理和道德问题。例如，人工智能在医疗领域的应用中，如何确保人工智能系统的决策是公正和合理的，避免对患者的歧视和不公平待遇，是一个值得深入研究的问题。此外，人工智能的自主决策能力也引发了人们对于机器道德责任的思考。

3．人工智能对就业的影响

人工智能对就业的影响是一个争议性话题。尽管人工智能可以提高生产效率，但也会导致部分人力资源的失去。例如，一些简单、重复性的工作可能会被自动化取代。对于这类就业岗位的失去，我们应该如何进行转岗和培训，以应对人工智能带来的就业变革，是一个需要思考的问题。

随着人工智能尤其是近期大模型技术的快速发展，AIGC 产业化应用加速，人工智能进一步向金融、艺术、新闻、创作等新领域渗透，使得人工智能监管技术不断升级和复杂化，如何正确处理好"监管"和"创新"是未来人工智能发展的关键着力点。

人工智能作为一项引领科技发展的前沿技术，对现代社会产生了深远的影响。它给我们带来了经济、科技、医疗和教育等领域的创新和改变，同时带来了一系列挑战。社会应不断加强对人工智能的研究和发展，建立相关的法律和规范，以推动人工智能的合理应用和可持续发展。只有在充分发挥技术优势的同时，我们才能更好地应对挑战，使人工智能成为造福人类的伟大力量。

1.4 人工智能初体验

1.4.1 百度 EasyDL 介绍

EasyDL 是百度大脑推出的零门槛人工智能开发平台，提供从数据采集、标注、清洗到模型训练、部署的一站式人工智能开发能力。EasyDL 设计简约，极易理解，采集到的原始图像、文本、语音、视频、OCR、表格等数据，经过 EasyDL 加工、学习、部署、服务后，可通过公有云 API 调用，或者部署在设备端 SDK、软硬一体 SDK、本地服务器 API/SDK 的专项适配硬件上，通过离线 SDK 或私有 API 进一步集成。EasyDL 的开发流程如图 1-11 所示。

操作流程大致分为以下四步。

（1）创建模型，即确定模型名称，可添加模型描述便于后续模型迭代管理。

（2）上传并标注数据。上传数据后，根据不同模型类型的数据要求进行标注，如果有本地已标注的数据，也可以直接上传。通常，需要对训练集、测试集和验证集三类数据集进行标注。

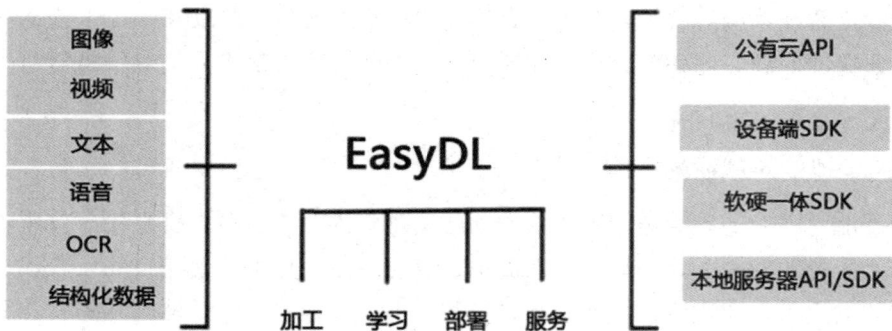

图 1-11　EasyDL 的开发流程

（3）训练模型并校验效果。选择算法类型，配置训练任务相关参数，完成训练任务启动。模型训练完毕后支持可视化查看模型效果评估报告，也支持通过模型校验功能在线上传实测数据，验证模型效果。

（4）部署模型。根据业务场景，支持将模型部署为公有云 API，实现在线调用，或者部署在设备端 SDK、软硬一体 SDK、本地服务器 API/SDK 的专项适配硬件上，通过离线 SDK 或私有 API 进一步集成。

EasyDL 支持 6 大技术方向，每个方向都包括不同的模型类型。

（1）图像：图像分类、物体检测、图像分割。

（2）视频：视频分类、目标跟踪。

（3）文本：文本分类-单标签、文本分类-多标签、文本实体抽取、情感倾向分析、短文本相似度。

（4）语音：语音识别、声音分类。

（5）OCR：文字识别。

（6）结构化数据：表格预测。

1.4.2　百度 EasyDL 应用——猫狗分类

◆ 案例描述

本案例使用 EasyDL 图像分类模型，识别图像中主体单一的场景，即识别一张图像中是猫还是狗，实现 H5 体验，如图 1-12 所示。

图 1-12　猫狗分类案例效果

◈ 案例实现

1. 进入百度 EasyDL

步骤 1-1：打开百度 EasyDL 官网，进入 EasyDL 页面，如图 1-13 所示。

图 1-13　EasyDL 页面

步骤 1-2：单击图 1-13 中的"立即使用"按钮，在弹出的"选择模型类型"对话框中选择"图像分类"选项（进入登录界面，输入账号和密码。没注册的用户需要先注册），如图 1-14 所示。

图 1-14　选择"图像分类"选项

步骤 1-3：进入控制台总览页面，如图 1-15 所示。

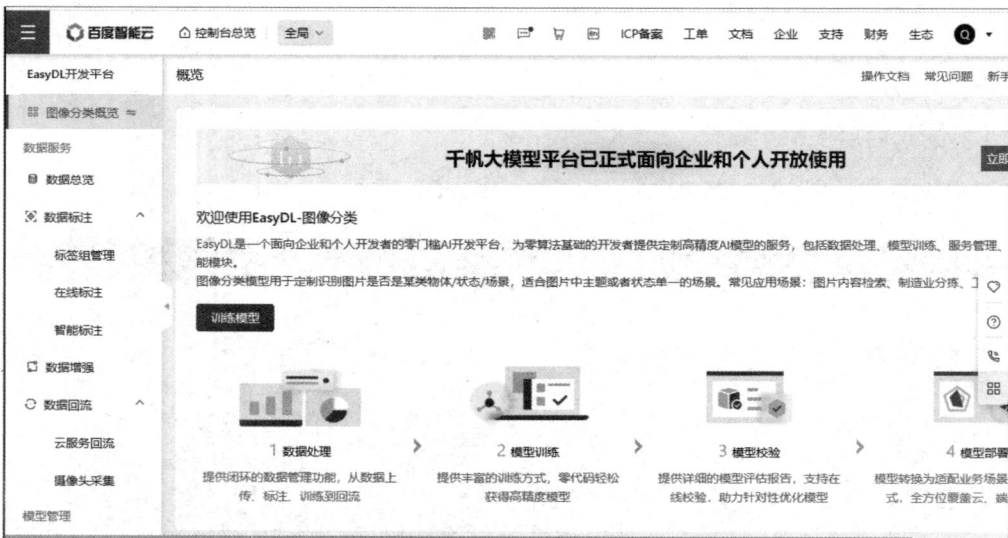

图 1-15　控制台总览页面

2．创建数据集

步骤 2-1：在如图 1-15 所示的页面左侧的导航栏中，选择"数据总览"选项，在页面右侧显示当前用户创建的数据集，包括版本、数据集 ID、数据量、最近导入状态、标注类型等，如图 1-16 所示。

图 1-16 数据总览页面

步骤 2-2：单击"创建数据集"按钮，打开创建数据集页面，输入数据集名，如"猫狗数据集 2024"，如图 1-17 所示。

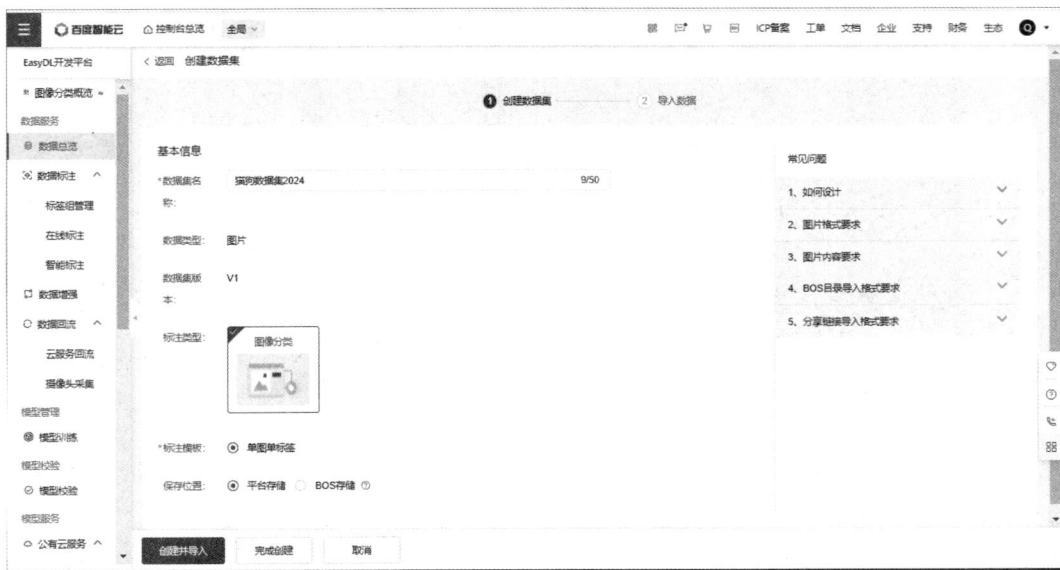

图 1-17 创建数据集页面

步骤 2-3：单击"创建并导入"按钮，进入导入数据页面，在"导入配置"选区的"数据标注状态"中单击"无标注信息"单选按钮，在"导入方式"一栏中选择"本地导入"→"上传压缩包"选项，单击"上传压缩包"按钮，进入上传压缩包页面，如图 1-18 所示。

图 1-18　上传压缩包页面

步骤 2-4：单击"已阅读并上传"按钮，选择本地保存的数据压缩文件，打开如图 1-19 所示的导入数据页面，单击"确认并返回"按钮。

图 1-19　导入数据页面

步骤 2-5：数据开始导入，等待数据全部导入，可以看到最近导入状态更新为"已完成"，数据量和标注状态都有变化，如图 1-20 所示。

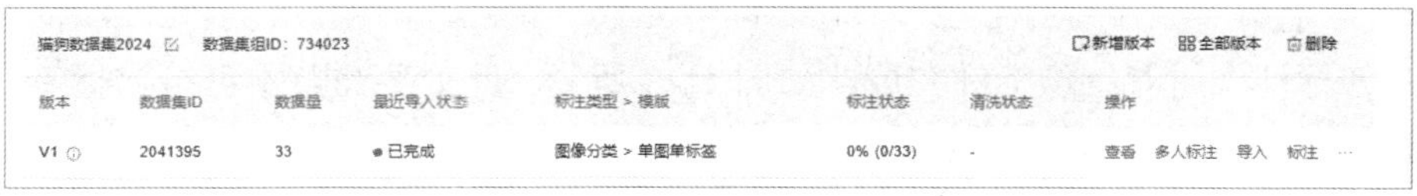

图 1-20　数据导入完成

3. 数据标注

步骤 3-1：数据导入完成后，单击数据集右侧操作栏下的"标注"按钮，进入数据标注页面，如图 1-21 所示。

图 1-21　数据标注页面

步骤 3-2：添加标签"猫"和"狗"。单击图 1-21 中右侧的"添加标签"按钮，输入猫，单击"确定"按钮，即可成功添加"猫"标签。采用相同的方法添加一个"狗"标签，完成后如图 1-22 所示。

图 1-22　添加标签

步骤 3-3：标签添加完成后，即可进行数据标注。当前图像为猫，单击右侧标签栏中的"猫"标签，单击"保存当前标注"按钮，即可完成一张图像的标注。按此方法依次选择每张图像进行标注，所有图像标注完成，如图 1-23 所示。此处要注意不可选错标签，若标注错误，则会严重影响模型的训练效果。

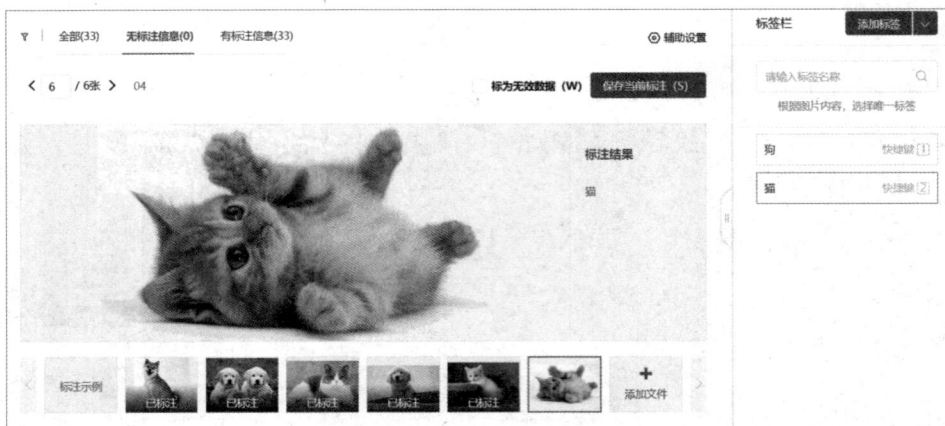

图 1-23　所有图像标注完成

步骤 3-4：回到数据总览页面，标注状态为 100%，如图 1-24 所示。

图 1-24　标注状态为 100%

4．创建并训练模型

步骤 4-1：在如图 1-15 所示的页面左侧的导航栏中选择"模型训练"选项，在页面右侧显示当前用户创建的模型，包括版本、训练状态、服务状态、模型效果等，如图 1-25 所示。

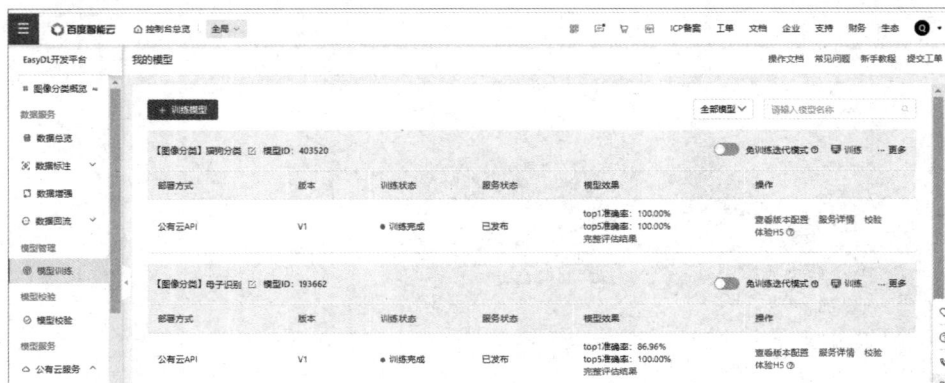

图 1-25　模型训练页面

步骤 4-2：单击"训练模型"按钮，在"模型准备"选区的"模型选择"中单击"创建新模型"单选按钮，输入"模型名称"和"业务描述"，所有的"*"选项必须填写，如图 1-26 所示。信息填写完成后，单击"完成创建"按钮。

图 1-26　模型准备

步骤 4-3：单击"下一步"按钮，选择前面创建的数据集"猫狗数据集 2024"，如图 1-27 所示。

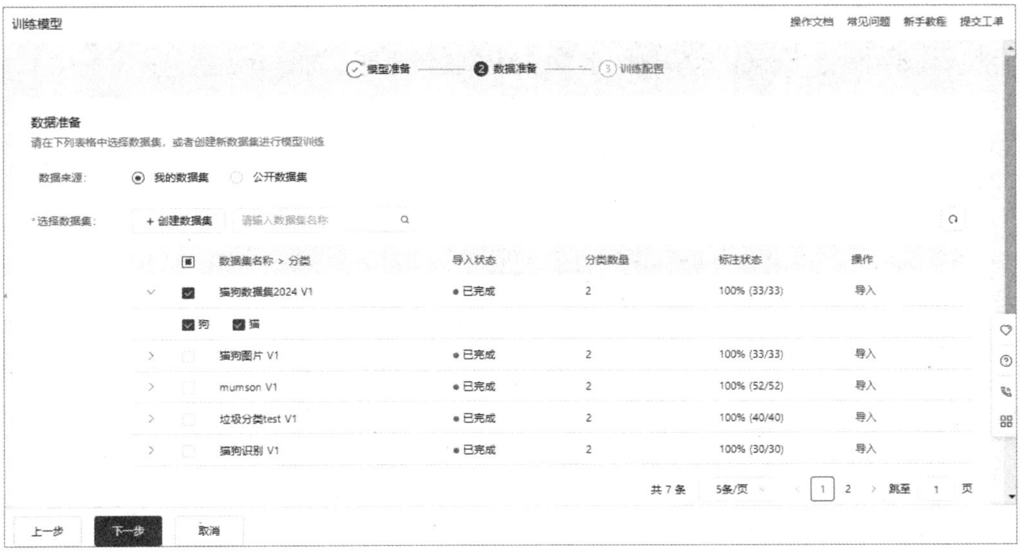

图 1-27　数据准备

步骤 4-4：单击"下一步"按钮，进行训练配置，如图 1-28 所示。

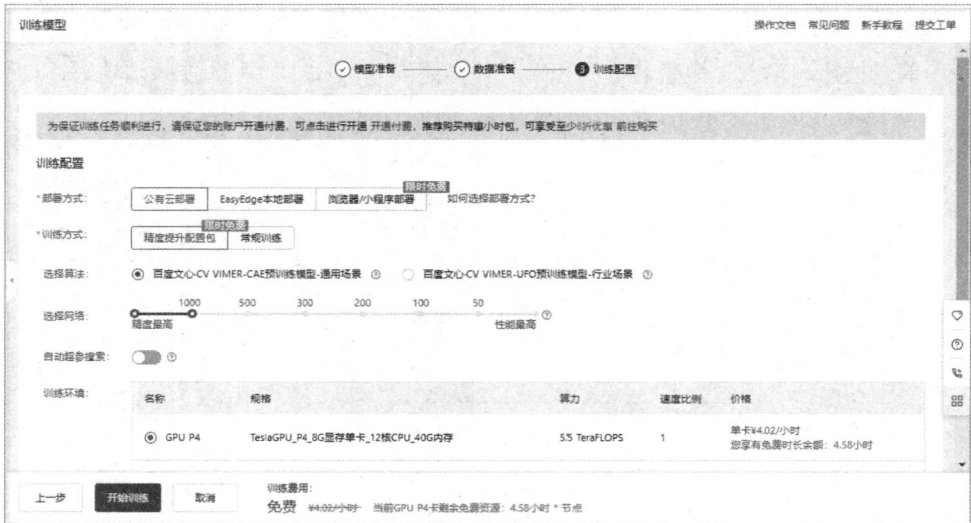

图 1-28　训练配置

步骤 4-5：单击"开始训练"按钮，弹出对话框提示"有些标签的训练的文件少于 20 个，是否添加更多数据以获得更好的训练效果"，单击"继续训练"按钮即可进行训练，如图 1-29 所示。

图 1-29　开始训练

步骤 4-6：单击"训练状态-排队中"旁的感叹号图标，可查看训练进度，如图 1-30 所示，在训练模型完成后，设置信息通过短信发送至个人手机上。训练时间与数据量大小有关，本次训练大约耗时 30 分钟，训练完成后的效果如图 1-31 所示。

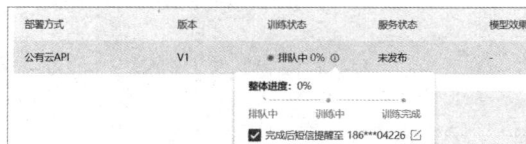

图 1-30　查看训练进度

图 1-31　训练完成后的效果

步骤 4-7：单击"查看版本配置"按钮，打开版本配置页面，如图 1-32 所示。可以查看任务开始时间、任务时长、训练时长及训练算法等基本信息。

基础信息

任务开始时间 2024-03-12 14:55 任务时长 ⑦ 5分钟 训练时长 ⑦ --

训练算法 公有云API--VIMER-CAE大模型--通用场景精调提升预训练模型(1000ms以上)

数据详情

训练集	No.	名称	训练效果	操作
	1	猫	-	查看详情
	2	狗	-	查看详情

图 1-32　版本配置页面

5. 校验和发布

步骤 5-1：单击图 1-31 中的"校验"按钮，进入校验模型页面，单击"启动模型校验服务"按钮，等待约 5 分钟后启动校验成功，如图 1-33 所示。

图 1-33　启动校验成功

步骤 5-2：在校验模型页面中单击"点击添加图片"按钮，选择事先准备好的一张非数据集中的图像，等待校验。校验完成后，在该页面中可以看到模型的识别结果，在页面右侧可以查看预测分类及其对应的置信度，如图 1-34 所示。通过调整阈值可调整结果准确度，如图 1-35 所示。

图 1-34　校验识别结果

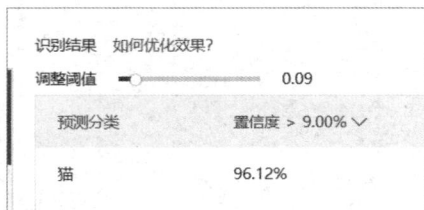

图 1-35　调整阈值

步骤 5-3：在图 1-34 中单击"申请上线"按钮，进入发布模型页面，如图 1-36 所示。填写"服务名称"和"接口地址"后，单击"提交申请"按钮，进入发布状态。

图 1-36　发布模型页面

步骤 5-4：回到我的模型列表，服务状态为"审核中"，如图 1-37 所示。模型发布成功后，服务状态为"已发布"，如图 1-38 所示。

图 1-37　模型发布中

图 1-38　模型发布成功

6．应用体验

步骤 6-1：在我的模型列表中单击"服务详情"按钮，在弹出的"服务详情"对话框中单击"立即使用"按钮，如图 1-39 所示。

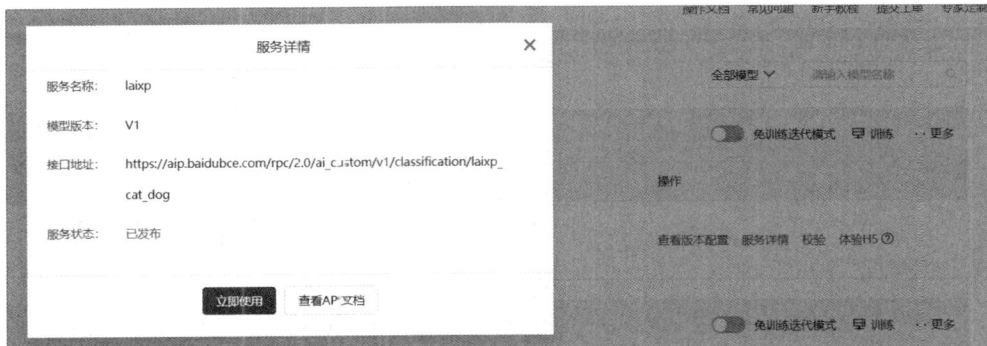

图 1-39 "服务详情"对话框

步骤 6-2：按照提示进行登录，进入应用列表，如图 1-40 所示。

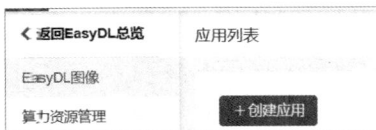

图 1-40 应用列表

步骤 6-3：在图 1-40 中单击"创建应用"按钮，进入"创建应用"页面，输入"应用名称"和"应用详情"，如图 1-41 所示。

图 1-41 创建应用页面

步骤 6-4：回到我的模型列表，单击"体验 H5"按钮，进入如图 1-42 所示的页面，在"调用 APP"下拉列表中选择"我的猫狗分类 2023-APPID：42428668"选项（上一步创建的应用），单击"下一步"按钮，进入如图 1-43 所示的页面，填入信息，单击"下一步"按钮。

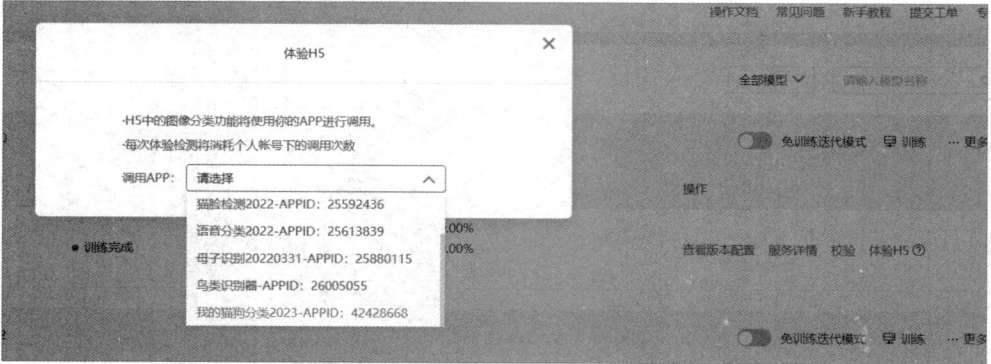

图 1-42　体验 H5 页面

图 1-43　自定义样式

步骤 6-5：进入如图 1-44 所示的页面。拿起手机，扫描二维码进行测试。

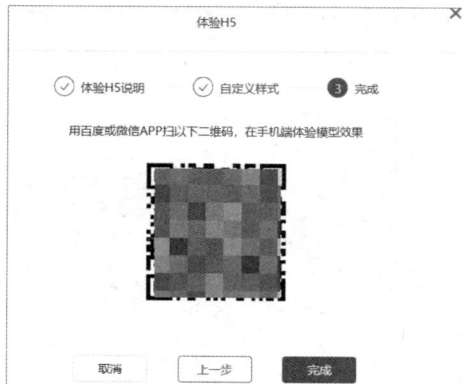

图 1-44　完成页面

1.5 本章总结

1．人工智能是模拟实现人的抽象思维和智能行为的技术，即通过计算机软件模拟人类大脑特有的抽象思维能力和智能行为，如学习、思考、判断、推理等，以完成原本需要人的智力才可胜任的工作。

2．从发展程度的角度上，人工智能可以分为三大类：弱人工智能、强人工智能、超人工智能。

3．达特茅斯会议是人类历史上第一次人工智能研讨会，被认为是人工智能诞生的标志。1956 年被认为是人工智能元年。

4．人工智能四要素：数据、算力、算法、场景。

5．人工智能技术框架按照产业生态通常可以划分为基础层、技术层、应用层三大板块。

6．随着人工智能尤其是近期大模型技术的快速发展，AIGC 产业化应用加速，人工智能进一步向金融、艺术、新闻、创作等新领域渗透，使得人工智能监管技术不断升级和复杂化，如何正确处理好"监管"和"创新"是未来人工智能发展的关键着力点。

本章习题

一、选择题

1．图灵测试是指测试者与被测试者在隔开的情况下进行提问和回答，如果有超过（   ）的测试者认为被测试者是人，则该机器具有智能。

    A．100%　　　　　　B．80%　　　　　　C．60%　　　　　　D．30%

2．人工智能的简称是（   ）。

    A．AR　　　　　　B．VR　　　　　　C．AI　　　　　　D．IT

3．强人工智能是指（   ）

    A．低于人类智力水平的人工智能

    B．和人类智力水平旗鼓相当的人工智能

    C．超出人类智力水平的人工智能

    D．远超人类智力水平的人工智能

4．目前我们所说的图像识别、语音识别、智能搜索等都是（   ），属于工具范畴，用于辅助人类。

    A．弱人工智能　　　B．强人工智能　　　C．超人工智能　　　D．机械智能

5．人工智能核心体系架构不包括（　　）。

    A．基础层　　　　　B．技术层　　　　　C．应用层　　　　　D．网络层

6．人工智能的发展共经历了 3 次热潮，其中第三次热潮主要得益于（　　）算法的突破和发展，以及计算能力的极大增强、数据量的爆炸式增长等驱动因素。

    A．聚类　　　　　　B．贝叶斯分类　　　C．深度学习　　　　D．决策树

7．下列不属于人工智能应用的是（　　）。

    A．自动驾驶　　　　B．智能音箱　　　　C．非接触测温仪　　D．人脸识别

8．下面不是人工智能研究领域的是（　　）。

    A．区块链　　　　　B．图像识别　　　　C．语音识别　　　　D．智能机器人

9．国内（　　）公司在基础硬件芯片领域做得很好。

    A．科大讯飞　　　　B．商汤集团　　　　C．阿里巴巴　　　　D．华为

二、简答题

1．什么是人工智能？

2．请描述人工智能的发展历程。

第**2**章

机器学习

■◆ 教学目标

- 了解机器学习的应用领域。
- 掌握机器学习的分类。
- 掌握机器学习的流程。
- 掌握机器学习的常用算法。
- 理解机器学习的意义。

2.1 机器学习简介

机器学习的定义
与发展

学习机器学习，首先要厘清人工智能、机器学习（Machine Learning，ML）、深度学习（Deep Learning，DL）之间的关系。

人工智能是一个广泛的领域，旨在使计算机系统能够模仿人类智能，包括学习、推理、问题解决、感知和语言理解等能力。而机器学习则是实现人工智能的一种方法，它的核心思想是让机器从数据中自动学习和改进，无须人为编写详细的规则和逻辑。深度学习是机器学习的一个子集，它尝试模拟人脑的工作原理，使用神经网络模型进行学习和预测。通过深度学习，我们可以处理大量复杂的数据，并训练出更为精确的模型。总的来说，深度学习利用了机器学习的技术，进而推动了人工智能的发展。

人工智能、机器学习和深度学习是相关但不同的概念。机器学习是实现人工智能的一种方法，深度学习是机器学习的一个子集，这三者之间的关系如图 2-1 所示，可以理解为"人工智能是目标，机器学习是手段，深度学习是方法"。

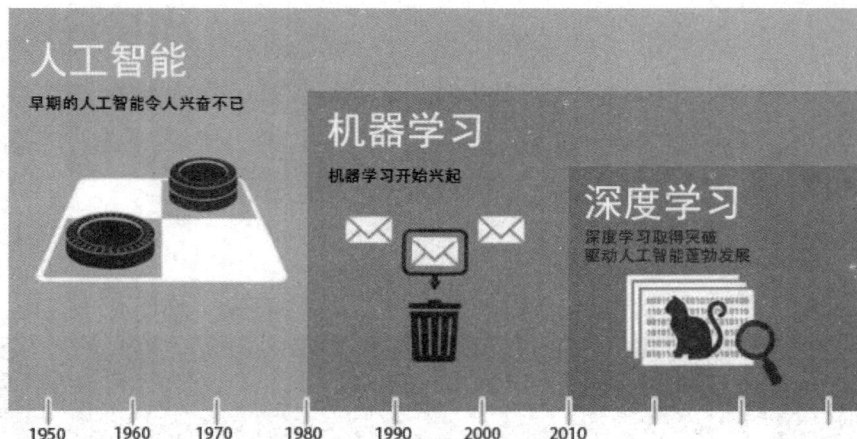

图 2-1　人工智能、机器学习、深度学习之间的关系

基于以上关系，就不难理解机器学习。

机器学习是人工智能和计算机科学的一个分支，是实现人工智能的一个核心技术，也被认为是实现人工智能的一种有效手段，即以机器学习为手段解决人工智能中的问题。

机器学习是一门多领域交叉学科，涉及统计学、系统辨识、逼近理论、神经网络、优化理论、计算机科学、脑科学等领域，主要研究计算机怎样模拟或实现人类的学习行为，以获取新的知识或技能，重新组织已有的知识结构，从而不断改善自身的性能。

机器学习是人工智能的核心，是使计算机具有"智能"的根本途径。在很多时候，机器学习几乎是人工智能的代名词，也是现代人工智能的基础。

2.1.1　机器学习的定义

机器学习是计算机科学的子领域，也是人工智能的一个分支和实现方式。早在 1997 年，"机器学习之父"卡内基梅隆大学教授汤姆·米切尔（Tom Mitchell）就给出了机器学习的一个具象化定义。

假设用 P（Performace）来评估计算机程序在某类任务 T（Task）上的性能，若一个程序通过利用经验 E（Experience）在 T 中获得了性能改善，则我们可以说关于 T 和 P，该程序对 E 进行了学习。

学界关于机器学习的定义，也有各种描述。

"最基本的机器学习是使用算法解析数据，从中学习，然后对世界上某事做出决定或预测的做法。"——Nvidia

"机器学习是让计算机在没有明确编程的情况下采取行动的科学。"——斯坦福

"机器学习基于可以从数据中学习而不依赖基于规则的编程的算法。"——麦肯锡公司

"机器学习领域旨在回答这样一个问题：我们如何建立能够根据经验自动改进的计算机

系统，以及管理所有学习过程的基本法则是什么？"——卡内基梅隆大学

这些描述都从不同应用角度对机器学习进行了解释。

总之，机器学习就是一种通过计算机系统利用数据进行自动学习的方法。目标就是让计算机系统通过不断学习和优化，从数据中发现规律、提取特征，并能够在未来的数据中做出智能决策。

相对于传统机器学习利用经验改善系统自身的性能，现在的机器学习更多利用数据改善系统自身的性能。目前，基于数据的机器学习是现代智能技术中的重要方法之一，它从观测数据（样本）出发寻找规律，利用这些规律对未来数据或无法观测的数据进行预测。

机器学习通过算法，使得机器能够从大量历史数据中学习规律，并利用规律对新的样本做智能识别或对未来做预测，如图 2-2 所示。

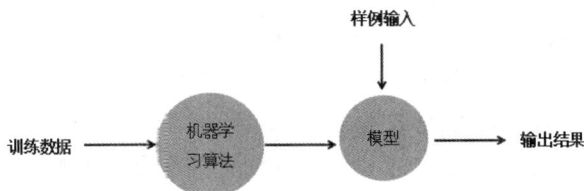

图 2-2　机器学习

机器学习使用大量数据来"训练"，通过各种算法从数据中学习如何完成任务。

机器学习与人类学习的对应关系如图 2-3 所示。"人类的经验"对应"机器的历史数据"，"人类通过经验归纳出的规律"对应"机器通过历史数据训练出来的模型"，"人类利用规律解决新问题并预测未来"对应"机器利用模型预测新数据对应的结果"。通过这样的对应关系可以发现，机器学习的思想并不复杂，仅仅是对人类在生活中学习、成长过程的一种模拟。

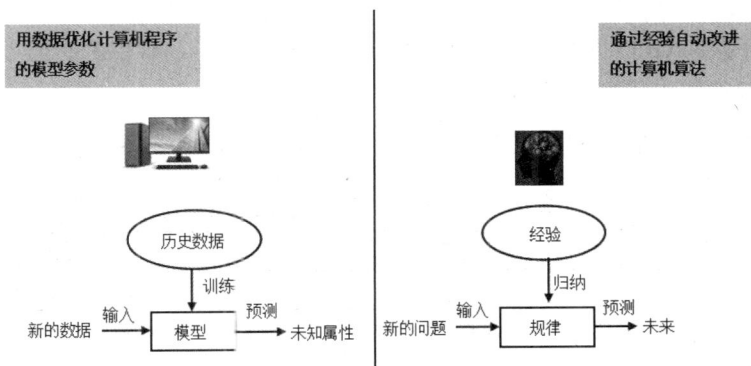

图 2-3　机器学习与人类学习的对应关系

2.1.2　机器学习的发展历程

机器学习是一门不断发展的学科，虽然在近些年才成为一个独立学科，但机器学习的

起源可以追溯到 17 世纪，数学家贝叶斯、拉普拉斯关于最小二乘法的推导和马尔可夫链，这些构成了机器学习广泛使用的工具和基础。再到 20 世纪 30 年代，从人工智能的符号演算、逻辑推理、自动机模型、模糊数学到神经网络的反向传播算法（Back Propagation Algorithm，BP 算法）等。虽然这些技术在当时并没有被冠以机器学习之名，但时至今日它们依然是机器学习的理论基石。

机器学习的发展历程可分为知识推理、知识工程、浅层学习（Shallow Learning）和深度学习（Deep Learning）几个阶段。知识推理阶段始于 20 世纪 50 年代中期，这时的人工智能主要通过专家系统赋予计算机逻辑推理能力，赫伯特·西蒙和艾伦·纽厄尔实现的自动定理证明了逻辑学家拉赛尔（Russell）和怀特黑德（Whitehead）编写的《数学原理》中的 52 条定理。20 世纪 70 年代开始进入知识工程阶段，费根鲍姆作为"知识工程之父"在 1994 年获得了图灵奖。由于人工无法将所有知识都总结出来教给计算机系统，因此这一阶段的人工智能面临知识获取的瓶颈。实际上，在 20 世纪 50 年代，已经有机器学习的相关研究，代表性工作是罗森·布拉特基于神经感知科学提出的计算机神经网络（感知机）。在随后的 10 年中，浅层学习的神经网络风靡一时，特别是马文·明斯基提出了著名的 XOR 问题和感知机线性不可分的问题。由于当时计算机的运算能力有限，多层网络训练困难，模型通常都是只有一层隐层的浅层模型，各种各样的浅层学习模型相继被提出，在理论分析和应用方面都产生了较大的影响，但是理论分析的难度和训练方法需要很多经验和技巧。随着 k 近邻等算法的相继提出，浅层学习模型在模型理解、准确率、模型训练等方面被超越，机器学习的发展几乎处于停滞状态。2006 年，辛顿发表了深度信念网络论文，本希奥等人发表了论文 *Greedy Layer-WiseTraining of Deep Networks*（深层网络的贪婪层智慧训练），杨立昆团队发表了论文 *Efficient Learning of Sparse Representations with an Energy-Based Model*（基于能量模型的稀疏表示的高效学习），这些事件标志着人工智能正式进入了深层网络的实践阶段。

同时，云计算和 GPU 并行计算为深度学习的发展提供了基础保障。近年来，机器学习在各个领域中取得了突飞猛进的发展。

机器学习算法的发展历程如表 2-1 所示。

表 2-1　机器学习算法的发展历程

机器学习阶段	年份	主要成果	代表人物
人工智能起源	1936	自动机模型理论	阿兰·图灵（Alan Turing）
	1943	MP（McCulloch-Pitts）模型（神经元模型）	沃伦·麦卡洛克（Warren McCulloch）、沃尔特·皮茨（Walter Pitts）
	1951	符号演算	约翰·冯·诺依曼（John von Neumann）
	1956	人工智能	约翰·麦卡锡（John McCarthy）、马文·明斯基（Marvin Minsky）、克劳德·香农（Claude Shannon）

续表

机器学习阶段	年份	主要成果	代表人物
人工智能初期	1958	LISP	约翰·麦卡锡
	1962	感知机收敛理论	弗兰克·罗森布拉特（Frank Rosenblatt）
	1972	GPS（General-Problem Solver，通用问题求解程序）	艾伦·纽厄尔（Allen Newell） 赫伯特·西蒙（Herbert Simon）
	1975	框架知识表示	马文·明斯基
进化计算	1965	进化策略	英戈·雷兴贝格（Ingo Rechenberg）
	1975	遗传算法	约翰·霍兰（John Holland）
	1992	基因计算	约翰·科扎（John Koza）
专家系统和知识工程	1965	模糊逻辑、模糊集	卢特菲·扎德（Lotfi Zadeh）
	1969	DENDRAL、MYCIN	爱德华·费根鲍姆（Edward Feigenbaum）、布鲁斯·布坎南（Bruce Buchanan）、约书亚·莱德伯格（Joshua Lederberg）
	1979	PROSPECTOR	杜达（Duda）
神经网络	1982	霍普菲尔德神经网络	约翰·霍普菲尔德（John Hopfield）
	1982	自组织网络	图沃·科霍宁（Teuvo Kohonen）
	1986	BP 算法	鲁姆哈特（Rumelhart）、麦克莱兰（McClelland）
	1989	LeNet	杨立昆（Yann LeCun）
	1997	RNN（Recurrent Neural Network，循环神经网络）、LSTM（Long Short-Term Memory，长短期记忆神经网络）	泽普·霍赫赖特（Sepp Hochreiter）、尤尔根·施米德胡贝（Jurgen Schmidhuber）
	1998	CNN（Convolutional Neural Network，卷积神经网络）	杨立昆
分类算法	1986	ID3（Iterative Dichotomiser 3，迭代二叉树 3 代）算法	罗斯·昆兰（Ross Quinlan）
	1988	Boosting 算法	约夫·弗雷德（Yoav Freund）、迈克尔·卡恩斯（Michael Kearns）
	1993	C4.5 算法	罗斯·昆兰
	1995	AdaBoost 算法	弗雷德、罗伯特·夏普（Robert Schapire）
	1995	支持向量机	科琳娜·科尔特斯（Corinna Cortes）、万普尼克（Vapnik）
	2001	随机森林	利奥·布赖曼（Leo Breiman）、阿黛尔·卡特勒（Adele Cutler）
深度学习	2006	深度信念网络	杰弗里·辛顿（Geoffrey Hinton）
	2012	谷歌大脑	吴恩达（Andrew Ng）
	2014	GAN（Generative Adversarial Network，生成对抗网络）	伊恩·古德费洛（Ian Goodfellow）

机器学习阶段	年份	主要成果	代表人物
深度学习	2014	注意力机制	约书亚·本希奥（Yoshua Bengio）
	2014	VGG/GoolgleNet	牛津大学和克里斯蒂安·塞格迪（Christian Szegedy）
	2015	ResNet	何恺明等
	2017	Transformer	谷歌公司
	2018	BERT（Bidirectional Encoder Representations from Transformers，基于转换器的双向编码表征）	谷歌公司

【思政课堂】 向着建设世界科技强国的伟大目标奋勇前进

"中国要强盛、要复兴，就一定要大力发展科学技术，努力成为世界主要科学中心和创新高地。"中共中央总书记、国家主席、中央军委主席习近平在中国科学院第十九次院士大会、中国工程院第十四次院士大会上的重要讲话是新时代建设世界科技强国的新的"动员令"。从"向科学进军"到"迎来创新的春天"，从"占有一席之地"到"成为具有重要影响力的科技大国"，中国创新的旋律越来越激越、昂扬。"只有把关键核心技术掌握在自己手中，才能从根本上保障国家经济安全、国防安全和其他安全。"中国科协党组书记怀进鹏院士说，要以关键共性技术、前沿引领技术、现代工程技术、颠覆性技术创新为突破口，敢于走前人没走过的路，努力实现关键核心技术自主可控。参加大会的两院院士和科技工作者表示，要认真学习领会习近平总书记的重要讲话精神，肩负起历史赋予的重任，勇做新时代科技创新的排头兵，努力建设世界科技强国。

2.1.3　机器学习的应用领域

目前，机器学习最成功的应用领域涉及数据分析与挖掘、模式识别、计算机视觉、图像处理等，此外还被广泛应用于自然语言处理、生物特征识别、搜索引擎、医学诊断、证券市场分析、手写字识别、语音识别和机器人等领域。

1. 数据分析与挖掘

数据分析与挖掘是机器学习算法和数据存取相结合的技术，利用机器学习提供的统计分析、知识发现等手段进行分析，从大量的业务数据中挖掘出隐藏的、有用的、正确的知识，促进决策的执行。数据分析与挖掘的很多算法都来自机器学习，并在实际应用中进行优化。

无论是数据分析还是数据挖掘，都是帮助人们收集、分析数据，使之成为信息，并做出判断，因此可以将二者合称为数据分析与挖掘。

2．计算机视觉

计算机视觉的主要技术基础是图像处理和机器学习。图像处理技术用于将图像处理为适合进入机器学习模型的输入数据，机器学习负责从图像中识别出相关的模式。

手写字识别、车牌识别、人脸识别、目标检测与追踪、图像滤波与增强等都是计算机视觉的应用场景。

3．自然语言处理

自然语言处理是让机器理解人类语言的一门技术。自然语言处理使用了大量与编译原理相关的技术，如语法分析等。在理解层面上，使用了语义理解、机器学习等。自然语言处理的基础是文本处理和机器学习。

垃圾邮件过滤、用户评论情感分类、信息检索等都是自然语言处理的应用场景。

4．语音识别

语音识别是利用自然语言处理、机器学习等相关技术识别人类语言的技术。智能助手、智能聊天机器人都是语音识别的应用场景。

简而言之，机器学习的适用场景如下。

（1）规则十分复杂或无法描述，如语音识别。

（2）规则会随时间改变，如词性标注，随时都会产生新的词或词义。

（3）数据分布本身随时间变化，需要程序不停地重新适应，如预测商品销售的趋势等。

【思政课堂】中国在机器学习领域的突破

浙江大学控制学院智能驾驶与未来交通中心主任、教授刘勇在中国人工智能大会上强调，近年来，随着传感器技术和 SLAM 理论的突破，自主移动机器人已经从研究迈向市场应用，涉及的领域包括无人驾驶、智慧城市、腿足机器人、火星车等。谷歌、苹果、Meta 等国际巨头重点关注这项技术，国内巨头华为、百度、腾讯、阿里巴巴等，也纷纷开展了专项研究。同时，中国的科技公司和研究机构在深度学习框架和工具的开发上有所突破，百度推出了飞桨 PaddlePaddle 深度学习框架，支持分布式训练和部署，为开发者提供了丰富的工具和库。华为提供了 MindSpore 深度学习框架，具有灵活的图模型、推理引擎和分布式训练等功能。

目前，中国的人工智能专利申请量居世界首位。据中国信通院测算，2013—2022年 11 月，全球累计人工智能发明专利申请量达 72.9 万项，我国累计人工智能发明专利申请量达 38.9 万项，占全球的 53.4%；全球累计人工智能发明专利授权量达24.4 万项，我国累计人工智能发明专利授权量达 10.2 万项，占全球的 41.7%。

2.2 机器学习进阶

机器学习的分类
与常用术语

2.2.1 机器学习的分类

机器学习是人工智能的重要研究方向，它包含丰富的知识体系，因此按照一定的规则对其进行细分显得尤为必要。机器学习的主要分类有两种：基于学习方式的分类和基于学习任务的分类。机器学习根据学习方式的不同可分为监督学习、无监督学习和强化学习。根据学习任务的不同可分为分类、回归、聚类和降维。不同的分类方式之间又存在联系，分类和回归属于监督学习，而聚类和降维属于无监督学习，如图 2-4 所示。

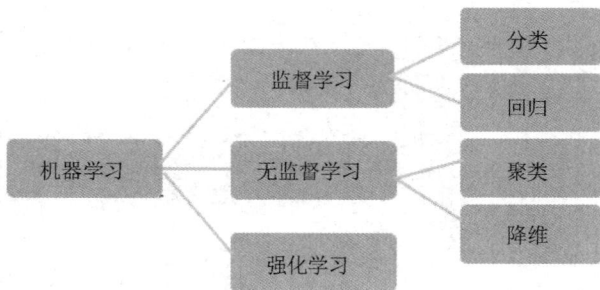

图 2-4　机器学习的分类

1. 基于学习方式的分类

1）监督学习

监督学习（Supervised Learning）是指机器学习的数据是带标签的，标签是离散值或连续值，标签作为期望结果，机器学习算法不断修正自身参数，使自己的预测结果与期望结果尽量一致，从而实现自我学习的过程。

在机器学习中，要实现数据带标签就得对数据集做一项工作——数据标注。数据标注就是标注人员借助标注工具，对人工智能学习数据进行加工处理，转换为机器可识别的信息的过程。通常，数据标注的类型包括图像标注、语音标注、文本标注、视频标注等。数据标注的形式有标注画框、3D 标注、文本转录、图像打点、目标物体轮廓线等。数据标注得越精准，数据模型训练的效果就越好。

在如图 2-5 所示的图像数据集中不仅有老鼠的图像，还有孙悟空、唐老鸭等非老鼠的图像，而且在每张老鼠的图像下面还有一个对勾，说明这是一只老鼠；而非老鼠的图像下是一个叉，说明这不是一只老鼠。每张图像都是一个数据样本（Sample）。下面的勾或叉就是这个数据样本的标签（Label）。给样本打上标签的过程，就叫作标注（Label）。

图 2-5　数据标注

标注这件事情，机器学习程序自己是解决不了的，必须依靠外力。这些勾或叉都是猫妈妈打上去的，而不是小猫。小猫通过学习过程获得的，就是给图像打勾或打叉的能力。如果小猫能够给图像打勾或打叉了，就说明它是一个学习成的模型。

这种通过标注数据进行学习的方法，就叫作有监督学习或直接叫监督学习。

2）无监督学习

无监督学习（Unsupervised Learning）是指机器学习的数据没有标签，需要机器从数据中探索并推断出潜在的联系。

"挑西瓜"通常是人们在炎炎夏日解决口渴比较关注的问题。如何从一堆西瓜中挑选出一个又甜又沙的西瓜？人们都是靠"敲西瓜"听声的经验来判断西瓜的好坏的。通过"挑西瓜"案例可以解释监督学习与无监督学习的区别，如表 2-2 所示。利用监督学习实现西瓜好坏的判断，首先需要每个西瓜的敲瓜声音数据，同时需要一位行家给出各个西瓜好坏的标签，你慢慢学习并找到了敲瓜声音与西瓜好坏之间的规律，以后买西瓜便能判断好坏。无监督学习指买西瓜时没有行家帮助你，你只能自己对敲瓜声音的特征进行分类，以后买西瓜时才能分辨声音类别。

表 2-2　"挑西瓜"案例

	监督学习	无监督学习
数据特征	敲瓜声音	敲瓜声音
数据标签	好瓜和坏瓜	无标签
模型本质	找到敲瓜声音（特征）与是否是好瓜（标签）之间的关系	对敲瓜声音（特征）进行分类并对声音类别打上标签：浊响、清脆、沉闷
模型功能	通过敲瓜声音预测是好瓜还是坏瓜	通过敲瓜声音判断声音类别

3）强化学习

强化学习（Reinforcement Learning）是指智能体以"试错"的方式进行学习，通过与环境进行交互获得的奖赏指导行为，目的是使智能体获得最高的奖赏。

强化学习不同于监督学习，它没有标签，只有一个时间延迟的奖励。强化学习中由环境提供的强化信号是对智能体动作行为好坏的一种评价，而不是一个产生正确动作的指令。我们以下棋为例，由于标签的存在，监督学习下的智能体被告知的是在当前位置下一步棋的正确走法，然而现实生活中我们很难提供这种反馈。强化学习中的智能体需要靠自身学习模型来选择落子位置，也可能需要学会预测对手的动作。当智能体下了一步好棋时，它需要知道这是一件好事，反之亦然。在下棋这样的环境下，智能体只有在比赛结束时才会收到奖励，而在其他环境中，奖励可能会更频繁。

2．基于学习任务的分类

1）分类

分类（Classification）是一种对离散型随机变量建模或预测的监督学习。分类问题是我们日常生活中最常遇到的一类问题，如垃圾邮件的分类，识别我们所看到的是汽车、火车还是别的物体，医生诊断病人身体里的肿瘤是否是恶性的，这些问题都属于分类问题的范畴。

在机器学习中，有一个典型的数据集 CIFAR-10，它是由 Hinton 的学生整理的一个用于识别普适物体的小型数据集。该数据集一共包含 10 个类别的 RGB 彩色图像：飞机（Airplane）、汽车（Automobile）、鸟（Bird）、猫（Cat）、鹿（Deer）、狗（Dog）、蛙（Frog）、马（Horse）、船（Ship）和卡车（Truck）。CIFAR-10 数据集中每张图像的尺寸都为 32 像素×32 像素，每个类别都有 6000 张图像，如图 2-6 所示。我们先用其中 50000 张带有类别标签的图像作为训练集去训练模型，然后用该模型判别剩下的随机 1 张图像的类别，这便是典型的"十分类"问题。

图 2-6　CIFAR-10 数据集

机器学习常见的分类算法有逻辑回归、分类树、支持向量机、朴素贝叶斯等。

2）回归

回归（Regression）是一种对数值型连续随机变量进行预测和建模的监督学习，如基于车的品牌、型号、年代预测车的价值（50000～500000 元），基于每天的卡路里摄入量和运动量预测一周后的体重（40～100kg）等。回归分析的实质是研究多个变量之间的因果关系，可以表明多个变量对某一变量的影响强度，也可以衡量不同尺度变量之间的相互影响。

回归与分类最大的不同在于它们的输出，分类输出的值是离散的、定性的，回归输出的值是连续的、定量的。以天气预报为例，天气可分为晴天或雨天两类，我们想要预测下周一的天气，只有晴天或雨天两个选择，这就是分类。若我们想要预测下周一的最高温度，可以通过前几天的温度预测出一个值，只要这个值在合理范围内即可，这就是回归。

机器学习常见的回归算法有线性回归、非线性回归、回归树、支持向量机回归和高斯过程回归等。

3）聚类

聚类（Clustering）是一种无监督学习，基于数据的内部结构寻找并观察样本的自然族群，即聚类尝试在没有训练的条件下，对一些没有标签的数据进行归纳分类。根据相似性对数据进行分组，以便对数据进行概括，希望通过某种算法把这一组位置类别的样本划分成若干类别。聚类时并不关心某一类是什么，实现的只是将相似的东西聚在一起，如图 2-7 所示。

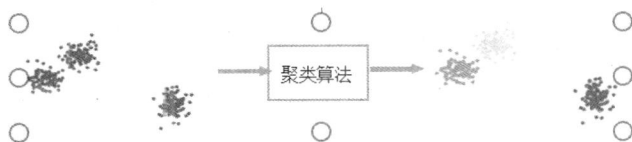

图 2-7 聚类

机器学习常见的聚类算法有 k 均值聚类、层次聚类、基于密度的 DBSCAN 算法等。

4）降维

降维（Dimension Reduction）是指从高维度数据中提取关键信息，将其转换为易于计算的低维度问题进而求解的方法。以识别猫狗为例，我们可能有数量庞大的猫、狗的图像，每只猫的毛色、体型、身高、体重、年龄、性别等特征各不相同，这些特征的个数就是我们所说的维数。维数越多，信息量、数据量越大，占用的磁盘空间和内存越多。实际上我们有时候用不到这么多信息，或者需要剔除冗余数据和无关数据，所以需要降维。

降维试图压缩维度，并尽可能地保留分布信息，我们可以将其视为数据压缩或特征选择。原始的高维空间包含冗余信息和噪声信息，通过降维可以减少冗余信息造成的误差，提高识别的精度，通过降维算法也能寻找到数据内部的本质结构特征。

机器学习常见的降维算法有主成分分析（PCA）、奇异值分解（SVD）、局部线性嵌入（LLE）等。

2.2.2　机器学习的基本术语

机器学习是一门专业性很强的技术，它大量地应用了数学、统计学上的知识，因此总会有一些蹩脚的词汇，这些词汇就像"拦路虎"一样阻碍我们前进，甚至把我们吓跑。因此，认识并理解这些词汇是首当其冲的任务。本节将介绍机器学习的基本术语，为后续的知识学习打下坚实的基础。

1．模型

模型（Model）是机器学习中的核心概念。你可以把它看作一个"魔法盒"，你向它许愿（输入数据），它就会帮你实现愿望（输出预测结果）。整个机器学习的过程都将围绕模型展开，训练出一个最优质的"魔法盒"，它可以尽量精准地实现你许的"愿望"，这就是机器学习的目标。

例如，垃圾邮件检测模型可能会将某些特征与"垃圾邮件"紧密联系起来。

模型生命周期的两个重要阶段是训练和预测。

使建立好的模型学习大量数据的过程称为"训练"（Training），而用于训练的数据集称为"训练集"。

2．数据集

数据集（DataSet）就是样本的集合，如果说模型是"魔法盒"，数据集就是负责给它充能的"能量电池"。简单地说，如果缺少了数据集，模型就没有了存在的意义。数据集可划分为训练集和测试集，它们分别在机器学习的"训练阶段"和"预测阶段"起着重要的作用。

3．样本与特征

特征（Feature）是事物的固有属性，可理解为做出某个判断的依据，如人的特征有长相、衣服、行为动作等，一个事物可以有多个特征，这些特性就作为机器学习中识别、学习的基本依据。

样本（Sample）指的是数据集中的数据，一行数据被称为"一个样本"，一个样本包含一个或多个特征。例如，有一组描述人形态的数据"180/70/25"，如果单看数据你会非常茫然，用特征描述后就会变得容易理解，如表 2-3 所示。

表 2-3　信息登记表

姓名	身高/cm	体重/kg	年龄
张叶	180	70	25
王华	176	65	23
李铭	168	68	35
逸林	170	60	43

数据集的构成是"一行一样本，一列一特征"。特征值也可以理解为数据的相关性，每列数据都与该列的特征值相关。

4．向量

向量是机器学习的关键术语。向量也称为欧几里得向量、几何向量、矢量，指具有大小和方向的量。在线性代数中可以形象地把向量理解为带箭头的线段。箭头所指代表向量的方向；线段长度代表向量的大小。与向量对应的量叫作数量（物理学中称为标量），数量只有大小，没有方向。

在机器学习中，向量通常被用来表示样本的特征，以及用于训练模型的目标值。在监督学习中，通常使用向量来表示样本的特征，这些特征可以是图像的像素值、文本的词频统计、音频的波形等。同时，使用向量来表示每个样本的标签，如在图像分类中，可以用一个向量来表示每个类别的概率。向量的计算可采用 NumPy 来实现。数据集中的每个样本都是一条具有向量形式的数据。

5．矩阵

矩阵也是一个常用的数学术语，可以把矩阵看作由向量组成的二维数组，数据集就是以二维矩阵的形式存储数据的。

6．假设函数和损失函数

机器学习在构建模型的过程中会应用大量数学函数，正因为如此，很多初学者对此产生了畏惧，它们真的有这么可怕吗？从编程的角度来看，这些函数就相当于模块中内置好的方法，只需要调用相应的方法就可以达成想要的目的。

假设函数和损失函数是机器学习中的两个概念，并非某个模块下的函数，而是我们根据实际应用场景确定的一种函数形式，就像解决数学的应用题一样，根据题意写出解决问题的方程组。

1）假设函数

假设函数（Hypothesis Function）可表述为 $y=f(x)$，其中 x 表示输入数据，而 y 表示输出的预测结果，而这个结果需要不断地优化才会达到预期的结果，否则会与实际值相差较大。

2）损失函数。

损失函数（Loss Function）又叫目标函数，简写为 $L(x)$，x 是假设函数得出的预测结果 y。如果 $L(x)$ 的返回值越大，则预测结果与实际值相差越大，越小则证明预测结果越"逼近"实际值，这就是机器学习的最终目的。损失函数就像一个度量尺，通过假设函数预测结果的优劣，做出相应的优化策略。

3）优化方法

优化方法可以理解为假设函数和损失函数之间的沟通桥梁，三者之间的关系如图 2-8

所示。通过 $L(x)$ 可以得知假设函数输出的预测结果与实际值的偏差，当偏差较大时需要对其做出相应的调整，这个调整的过程叫作"参数优化"，而如何实现优化呢？这就是机器学习过程中的难点。为了解决这一问题，数学家给出了相应的解决方案，如梯度下降、牛顿法与拟牛顿法、共轭梯度法等。因此，我们要做的就是理解并掌握"科学巨人"留下的理论、方法。

对于优化方法的选择，我们要根据具体的应用场景选择应用哪一种方法最合适，因为每种方法都有自己的优劣势，只有合适的才是最好的。

图 2-8   假设函数、损失函数、优化方法之间的关系

7. 拟合、过拟合和欠拟合

机器学习的研究对象就是让模型能更好地拟合数据。

1）拟合

拟合就是把平面坐标系中一系列散落的点，用一条光滑的曲线连接起来，因此拟合也被称为"曲线拟合"。拟合曲线一般用函数来表示，但是由于拟合曲线会存在许多种连接方式，因此会出现多种拟合函数。通过研究、比较确定一条最佳的拟合曲线也是机器学习过程中一个重要的任务。

2）过拟合

所谓过拟合（Overfitting），就是模型的泛化能力较差，也就是过拟合的模型在训练样本中表现优越，但是在验证数据及测试数据集中表现不佳。例如，训练一个通过图像识别狗的模型，如果你只用金毛犬的照片进行训练，那么该模型就只吸纳了金毛犬的相关特征，此时让训练好的模型识别一只泰迪犬，该模型会认为泰迪犬不是一条狗。

过拟合主要是训练时样本过少，而特征值过多导致的。

3）欠拟合

欠拟合（Underfitting）恰好与过拟合相反，它指的是曲线不能很好地拟合数据。在训练和测试阶段，欠拟合模型表现均较差，无法输出理想的预测结果。

造成欠拟合的主要原因是没有选择好合适的特征值。

在图 2-9 中，拟合模型呈勾状；欠拟合模型是线性的，无法很好地描述数据分布；过拟合模型试图用一个极为复杂的函数过度拟合训练集数据，虽然这样做训练集的误差确实降低了，但使用该模型无法很好地预测一个新样本的目标值。

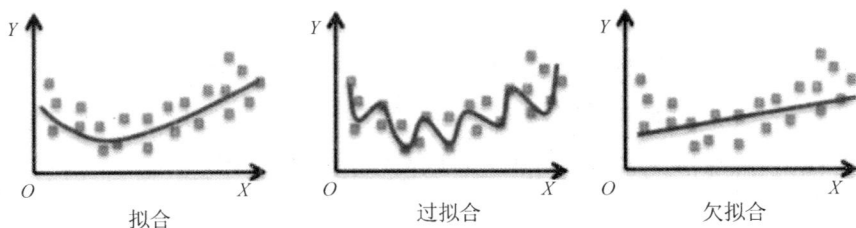

图 2-9　拟合、过拟合和欠拟合

过拟合和欠拟合都是机器学习过程中会遇到的问题，这两种情况都不是我们期望看到的。我们只需知道：欠拟合在训练集和测试集上的性能表现较差，而过拟合往往能较好地学习训练集数据，而在测试集上的性能表现较差。

2.2.3　机器学习的流程

一个完整的机器学习的流程包括问题定义、数据准备、模型选择与开发、模型训练和调优、模型评估测试 5 个步骤，如图 2-10 所示。

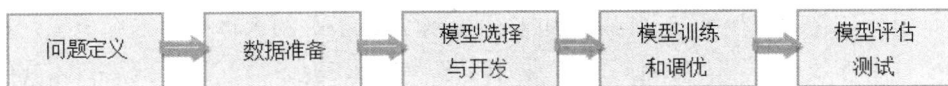

图 2-10　机器学习的流程

1．问题定义

面对机器学习，首先应该分析问题，确定问题的类型。例如，前面提到的"挑西瓜"案例，分析它是监督学习还是无监督学习，是分类问题还是回归问题等。这将直接影响算法的选择、模型的评估。

2．数据准备

1）数据采集

由于机器学习是从数据中进行学习的方法，所以首先应针对想要解决的问题进行数据采集。数据采集主要有两种途径，一种是自己采集，另一种是在网上找公开的数据集。数据采集完成后，就得到了原始数据。

2）数据预处理

由于原始数据或多或少地会有数据缺失、数据分布不均衡、数据异常、掺杂无关数据等数据不规范的问题。因此需要对其进行进一步的处理，包括缺失值处理、偏离值处理、数据规范化、数据转换等。

3）特征提取

由于原始数据繁多，我们需要从原始数据中提取出与想要解决的问题相关的数据作为特征。例如，"挑西瓜"案例中的敲瓜声音、颜色光泽、纹路清晰度等可以作为判断西瓜是否成熟的特征，但是像西瓜形状等与其是否成熟无关，不能作为特征。

4）数据集拆分

一般将数据集拆分成训练集、验证集和测试集三部分。其中训练集用来训练模型，验证集用来调整模型参数从而得到最优模型，测试集用来检验最优模型的性能。有时也会将数据集拆分成训练集和测试集两部分。训练集用来训练模型，测试集用来测试训练后模型对于未知数据的预测效果。

3．模型选择与开发

模型的作用是根据输入的特征给出输出结果（针对具体的问题），也可以将模型理解为函数。根据确定问题的类型，选择合适的机器学习算法模型，编写对应的模型代码。

4．模型训练和调优

选好模型，使用数据集对模型进行训练。不同的机器学习模型（如 LR、SVM、NB 等），实质上是不同的待选择函数簇。当模型的类型确定后，函数的大体框架就确定了，剩下的就是对函数中参数的学习。针对想要解决的问题，调整模型参数。将数据集代入其中，即可训练出一个在当前的数据集情况下的最优模型。训练好后得到了一个最优的函数，将待预测的特征自变量输入模型即可得到预测结果。

5．模型评估测试

对训练好的模型进行评估测试，验证模型是否满足业务需求。

2.2.4 机器学习的常用算法

机器学习的发展是基于机器学习算法的演变，表 2-1 列出了机器学习算法的发展历程，推动了人工智能的跨越式发展。机器学习的常用算法有 k 近邻、线性回归、逻辑回归、朴素贝叶斯、决策树、支持向量机、k 均值聚类等，这些算法可以使用 Python 的 scikit-learn 中内置的相应函数实现。

1．k 近邻算法

k 近邻算法的核心思想就是距离的比较，即距离谁近，就和谁属于同一类别。

假设有两个不同类别的数据，分别用三角形和正方形表示，如图 2-11（a）所示，图中间的圆点所标示的数据是待分类的数据，那么它应该属于哪个类别呢？

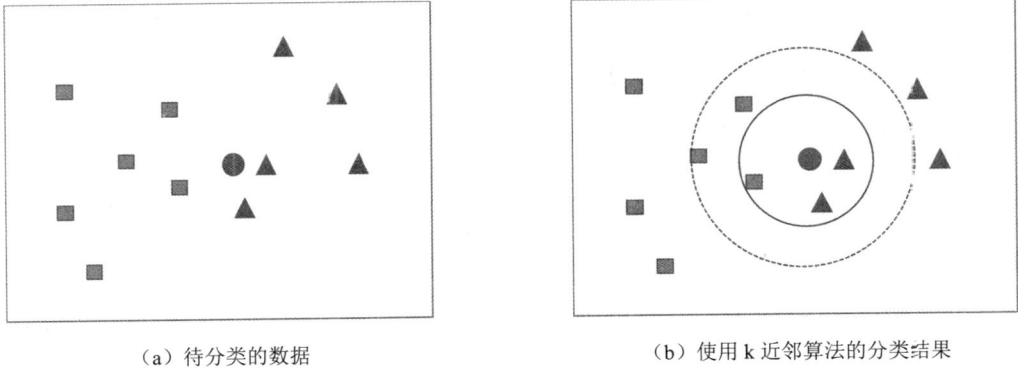

（a）待分类的数据　　　　　　　　　　（b）使用 k 近邻算法的分类结果

图 2-11　k 近邻算法实例

依据 k 近邻算法，假设 k 代表邻居的个数，从图 2-11（b）中可以得到。

如果 $k=3$，那么圆点最邻近的 3 个邻居是 2 个三角形和 1 个正方形，少数服从多数，基于统计的方法，判定圆点属于三角形类别。

如果 $k=5$，那么圆点最邻近的 5 个邻居是 2 个三角形和 3 个正方形，还是少数服从多数，基于统计的方法，判定圆点属于正方形类别。

由此我们看到，在 k 近邻算法中，所选择的邻居都是已经正确分类的对象，对于待分类的数据，只要找到距离它最近的 k 个邻居，按照少数服从多数的原则，哪个类别多就把它归为哪个类别。

k 近邻算法就是通过搜索整个训练集内 k 个最相似的实例（邻居），并对这 k 个实例的输出变量进行汇总，以预测新的数据点。对于回归问题，新的数据点可能是平均输出变量，对于分类问题，新的数据点可能是众数类别值。

2．线性回归

线性回归是一种用于建立变量之间线性关系的监督学习算法，常用于预测房价、股票价格、天气等连续型变量的问题。它通过拟合一条直线来最小化预测结果与实际值的差距，如图 2-12 所示。如果预测结果是离散的，则称为分类；如果预测结果是连续的，则称为回归。

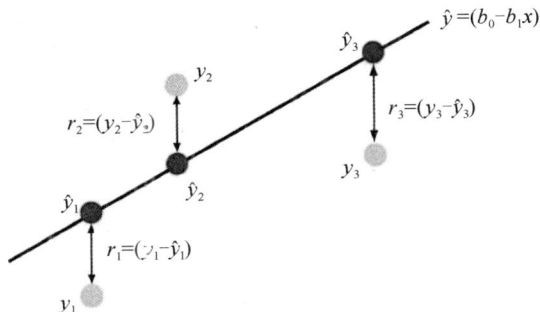

图 2-12　线性回归

线性回归假设目标值与特征之间线性相关，即满足一个多元一次方程，如式（2-1）所示。在二维空间中，通过拟合一条直线建立自变量与因变量之间的关系，在三维空间中则拟合一个平面，即

$$f(\boldsymbol{x}) = w_1 x_1 + w_2 x_2 + \cdots + w_d x_d + b \tag{2-1}$$

式中，$\boldsymbol{x} = (x_1, x_2, \cdots, x_d)$ 表示样本，d 表示每个样本都有 d 个特征，其中 x_i 是 $\boldsymbol{x}$ 在第 i 个特征上的取值。

线性回归函数也可以表示为如下形式：

$$f(\boldsymbol{x}) = \boldsymbol{w}^{\mathrm{T}} \boldsymbol{x} + b \tag{2-2}$$

式中，$\boldsymbol{w} = (w_1, w_2, \cdots, w_d)$。$\boldsymbol{w}$ 和 b 为模型的参数，$\boldsymbol{w}$ 代表每个特征的权重，b 代表偏置。

线性回归模型就是用最小二乘法和梯度下降优化的线性代数求解方法寻找一组最佳的 $\boldsymbol{w}$ 和 b，使得对于每个 x_i，线性回归模型计算值 $f(x_i)$ 和真实值 y_i 都尽可能地贴近。

最简单的线性回归就是一元线性回归，可以用一个等式 $y = kx + b$ 表示，通过找到系数 k 和 b 的值，描述输入变量 x 与输出变量 y 之间的线性关系。

3. 逻辑回归

逻辑回归是一种用于处理分类问题的监督学习算法。尽管名字中带有"回归"，但逻辑回归实际上是一种分类算法。该算法可以是二分类，也可以是多分类。只是二分类更为常用，也更容易解释。所以有时逻辑回归也被称为"二分类"算法。二分类是指分类结果标签只有两个。

二分类的逻辑回归的本质是用一个映射函数 Sigmoid 将一个线性模型得到的连续结果映射到离散模型上。逻辑回归的目的就是寻找一个非线性函数 Sigmoid 的最佳拟合参数，求解过程可以由最优化算法完成。

Sigmoid 函数也称为逻辑函数，即

$$g(z) = \frac{1}{1 + e^{-z}} \tag{2-3}$$

Sigmoid 函数的图像如图 2-13 所示，Sigmoid 函数把 $(-\infty, +\infty)$ 的值映射到 $(0, 1)$ 上。当 z 趋近于 $+\infty$ 时，$g(z)$ 趋近于 1；当 z 趋近于 $-\infty$ 时，$g(z)$ 趋近于 0。

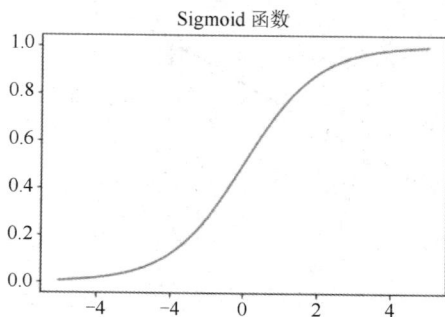

图 2-13　Sigmoid 函数的图像

Sigmoid 函数的作用是判断不同属性的样本属于每个类别的概率。在二分类过程中，1 代表正向类别，0 代表负向类别。也就是说，经过 Sigmoid 函数的转换，如果值越靠近 1，则说明其属于正向类别的概率越大；如果值越靠近 0，则说明其属于负向类别的概率越大。

Sigmoid 函数将任意输入映封到(0,1)上，我们在线性回归中可以得到一个预测值，将该值映射到 Sigmoid 函数中，这样就完成了由值到概率的转换，也就是分类任务。

在逻辑回归分类器中，可以在每个特征上都乘以一个回归系数，把所有的结果相加，将这个总和代入 Sigmoid 函数，就可以得到一个范围在(0,1)之间的值。大于 0.5 的数据被分入 1 类别，小于 0.5 的数据被分入 0 类别。

4．朴素贝叶斯

朴素贝叶斯是一种基于贝叶斯定理与特征条件独立假设的分类算法。它假设所有特征相互独立、互不影响，每个特征同等重要。但事实上这个假设在现实世界中并不成立：首先，文本中相邻的两个词之间必然有联系，不能独立；其次，对于一篇文章，其中的某些词就能确定主题，不需要通读整篇文章、查看所有词。所以需要采用合适的方法进行特征选择，这样基于朴素贝叶斯的分类才更有效。

贝叶斯定理是描述随机事件 A 和 B 的条件概率（或边缘概率）的定理，公式如下：

$$P(A|B) = P(B|A)P(A) / P(B) \qquad (2\text{-}4)$$

朴素贝叶斯是以贝叶斯定理为基础并且假设特征条件之间相互独立的方法，先通过已给定的训练集，以特征词之间相互独立为前提，学习从输入到输出的联合概率分布，再基于学习到的模型，输入 x 求出使得后验概率最大的输出 y。

设有样本数据集 $D = \{d_1, d_2, \cdots, d_n\}$，对应样本数据的特征属性集为 $X = \{x_1, x_2, \cdots, x_d\}$，类变量为 $Y = \{y_1, y_2, \cdots, y_m\}$，即 D 可以分为 y_m 类别。其中 $x_1, x_2, \cdots, x_d$ 相互独立且随机，则 Y 的先验概率 $P_{prior} = P(Y)$，Y 的后验概率 $P_{post} = P(Y|X)$。由朴素贝叶斯可得，后验概率可以由先验概率 $P_{prior} = P(Y)$、证据 $P(X)$、类条件概率 $P(X|Y)$ 计算得出：

$$P_{post} = \frac{P(Y)P(X|Y)}{P(X)} \qquad (2\text{-}5)$$

朴素贝叶斯基于各特征之间相互独立，在给定类别为 Y 的情况下，上式可以进一步表示为

$$P(X|Y = y) = \prod_{i=1}^{d} P(x_i|Y = y) \qquad (2\text{-}6)$$

由以上两式可以计算出后验概率为

$$P_{post} = \frac{P(Y)\prod_{i=1}^{d} P(x_i|Y)}{P(X)} \qquad (2\text{-}7)$$

由于 $P(X)$ 的大小是固定不变的，因此在比较后验概率时，只需比较上式的分子部分。

因此可以得到一个样本数据属于类别 y_i 的朴素贝叶斯计算公式：

$$P(y_i \mid x_1, x_2, \cdots, x_d) = \frac{P(y_i) \prod_{j=1}^{d} P(x_j \mid y_i)}{\prod_{j=1}^{d} P(x_j)} \quad (2\text{-}8)$$

朴素贝叶斯在贝叶斯算法的基础上进行了相应的简化，即假定给定目标值时属性之间相互条件独立。也就是说，没有哪个属性变量对决策结果占有较大的比重，也没有哪个属性变量对决策结果占有较小的比重。这个简化方式虽然在一定程度上降低了贝叶斯算法的分类效果，但是在实际的应用场景中，极大地简化了贝叶斯算法的复杂性。

5. 决策树

决策树是一种基于树状结构进行决策的算法，它是一种监督学习算法，可用于分类和回归问题。通过构建树状结构，模型可以根据输入数据进行分层决策。决策树是一种树状结构，每个节点表示一个特征，每个叶子节点表示一个类别或一个数值。通过学习得到一个分类器，这个分类器能够对新出现的对象给出正确的分类。

决策树是在已知各种情况发生概率的基础上，通过构成决策树求取净现值的期望值大于或等于零的概率，评价项目风险，判断其可行性的决策分析方法，是直观运用概率分析的一种图解法。由于这种决策分支画成图形很像一棵树的枝干，故称为决策树。在机器学习中，决策树是一个预测模型，代表的是对象属性与对象值之间的一种映射关系。

图 2-14 所示为简单的垃圾邮件分类决策树。

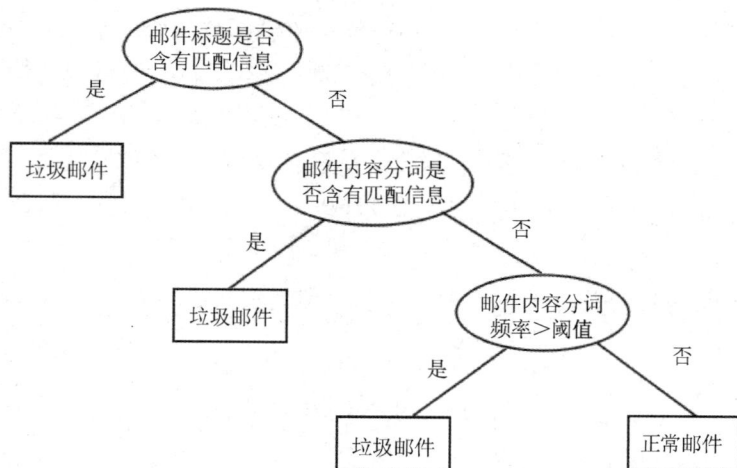

图 2-14　简单的垃圾邮件分类决策树

6. 支持向量机

支持向量机是一种监督学习算法，可用于分类或回归问题。它使用一种称为内核技巧的技术来转换数据，基于这些转换找到可能输出之间的最佳边界。也就是找到一个超平面，最大化样本点到该超平面的间隔。

支持向量机支持线性分类和非线性分类的分类应用。线性分类可以通过一条直线完美分割，而非线性分类如何完成分割呢？可以将线性不可分转换成线性可分来解决此类问题。

在图 2-15 中，如何将圆点数据与五角星数据进行分割？

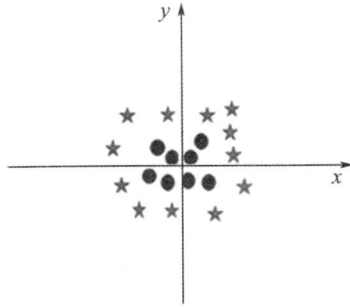

图 2-15　线性不可分实例

我们很难在二维空间中完成此任务。但是如果我们将二维空间变成三维空间就好办了。可以想象，如果圆点数据上浮，五角星数据下沉，就可以在圆点数据和五角星数据之间找到一个超平面，将两类数据进行分割。

支持向量机的核函数能够将数据从二维空间投射至高维空间。最常用的核函数是多项式内核（Polynomial Kernel）和径向基函数（Radial Basis Function，RBF）内核。当多项式内核的阶为 1 时，称为线性核"Linear"。

使用多项式内核进行分类，如图 2-16 所示，在支持向量机分类器两侧分别有两条虚线，压在虚线上面的数据就是支持向量，也就是找到了一条分割直线（中间的实线），将数据分成了两类。

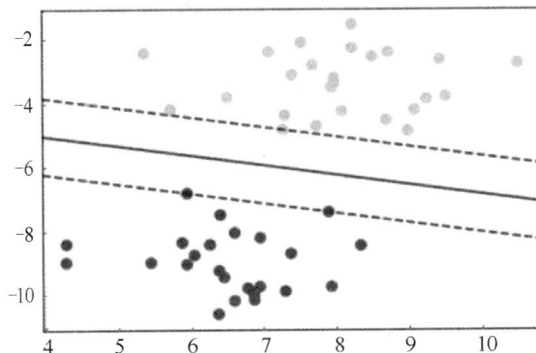

图 2-16　多项式内核的支持向量机分类器

使用 RBF 内核进行分类时，会得到如图 2-17 所示的结果。分类器完全变了样，不再是一条直线，这是因为在 RBF 中计算的是两个数据之间的欧几里得距离。

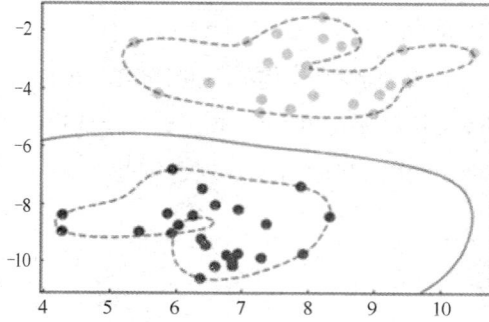

图 2-17　RBF 内核的支持向量机分类器

7. k 均值聚类算法

聚类算法是指将一堆没有标签的数据自动划分成几类的方法，属于无监督学习算法。

k 均值聚类算法也叫 k-Means 算法，用于将数据集划分为 k 个簇，如图 2-18 所示，通过迭代优化簇的中心，实现数据的聚类分析。

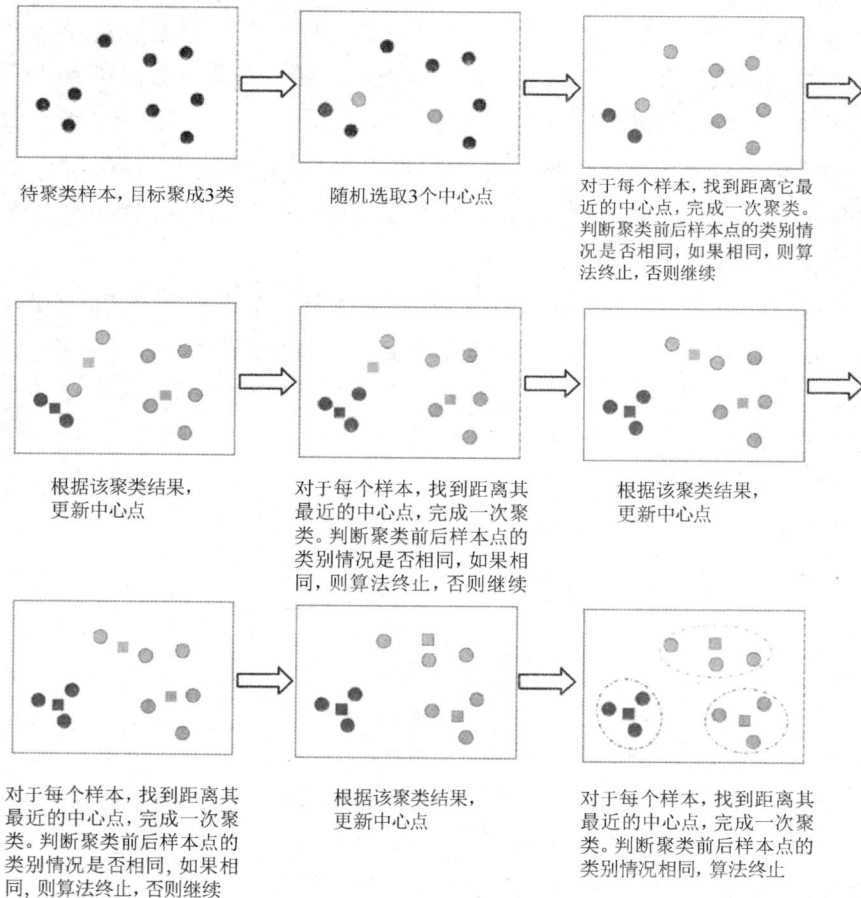

待聚类样本，目标聚成3类

随机选取3个中心点

对于每个样本，找到距离它最近的中心点，完成一次聚类。判断聚类前后样本点的类别情况是否相同，如果相同，则算法终止，否则继续

根据该聚类结果，更新中心点

对于每个样本，找到距离其最近的中心点，完成一次聚类。判断聚类前后样本点的类别情况是否相同，如果相同，则算法终止，否则继续

根据该聚类结果，更新中心点

对于每个样本，找到距离其最近的中心点，完成一次聚类。判断聚类前后样本点的类别情况是否相同，如果相同，则算法终止，否则继续

根据该聚类结果，更新中心点

对于每个样本，找到距离其最近的中心点，完成一次聚类。判断聚类前后样本点的类别情况相同，算法终止

图 2-18　k 均值聚类算法

k 均值聚类算法的关键。

（1）k 值如何确定？

k 值即聚类数。聚类数的多少主要取决于个人的经验与感觉，通常的做法是多尝试几个 k 值，看聚成几类的结果更好解释、更符合分析目的等。也可以采用"肘"方法（Elbow Method）确定 k 值。"肘"方法的原理就是最小化点到聚类中心点的距离。一般来说，手肘图都会展现出一个类似肘部的图形，簇内距离平方和的下降率突然变缓时即认为是最佳的 k 值。

从图 2-19 中可以直观地看到，当数据集在分类数 1 到 7 时，聚类数 k 和簇内距离平方和的对应关系。当 $k=3$ 时，簇内距离平方和的下降率突然变缓，可以考虑选择 $k=3$ 作为聚类数。

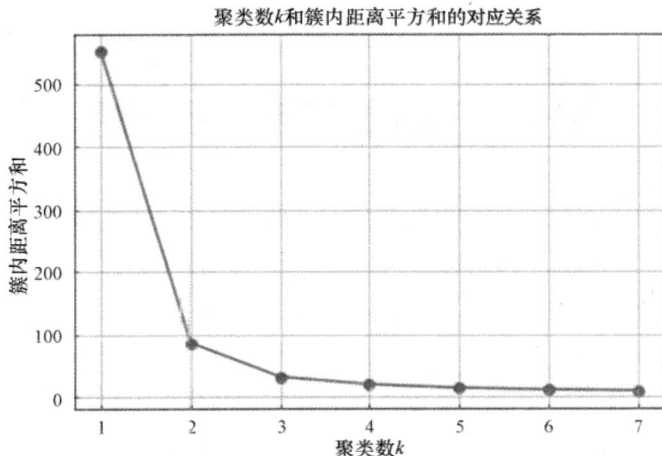

聚类数k和簇内距离平方和的对应关系

图 2-19　手肘图示例

（2）初始的 k 个质心怎么选？

初始质心的选取对最终聚类结果有影响，因此算法一定要多执行几次，哪个结果更合理，就用哪个结果。除了最常用的随机选择，也有一些优化的方法。第一种方法是选择彼此距离最远的点，具体来说就是先选择第一个点；然后选择距离第一个点最远的点作为第二个点；再选择第三个点，第三个点到第一、二个点的距离之和最大；依次类推，直到选出 k 个质心。第二种方法是先根据其他聚类算法（如层次聚类）得到聚类结果，再从聚类结果中的每个类别中选择一个点。

8．随机森林

随机森林是一种集成学习方法，通过组合多个决策树进行预测，如图 2-20 所示，每个决策树都是在不同的数据子集上训练的，同时引入了随机性，使得每棵树都有差异。

随机森林能够处理很高维度的数据，并且不用做特征选择，对数据集的适应能力强：既能处理离散型数据，又能处理连续型数据，数据集无须规范化。

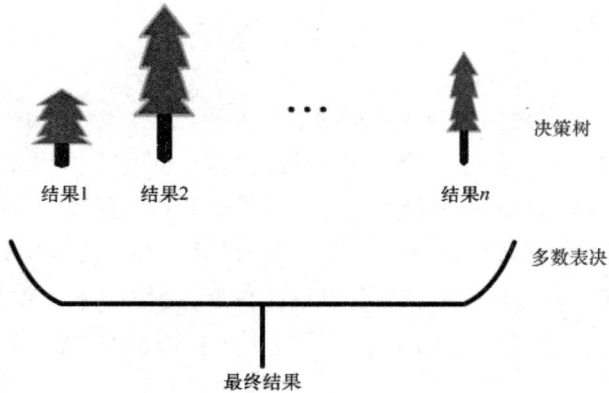

图 2-20　随机森林

2.3　深度学习与神经网络

深度学习是机器学习领域中一个新的研究方向，它被引入机器学习使其更接近于最初的目标——人工智能。深度学习的概念源于人工神经网络的研究，含多个隐藏层的多层感知器就是一种深度学习结构。

随着深度学习算法的不断推进，深度学习在搜索技术、数据挖掘、机器学习、机器翻译、自然语言处理、多媒体学习、语音、推荐和个性化技术，以及其他相关领域取得了很多成果。深度学习通过组合低层特征形成更加抽象的高层表示属性类别或特征，以发现数据的分布式特征表示。研究深度学习的动机在于建立模拟人脑进行分析学习的神经网络，它模仿人脑的机制来解释数据，如图像、声音和文本等，实现了深度学习使机器模仿视听和思考等人类的活动，解决了很多复杂的模式识别难题，也使得人工智能相关技术取得了很大进步。

2.3.1　深度学习

1. 深度学习的含义

深度学习从字面理解包含两个意思——"深度"和"学习"。

1）学习

学习就是一个认知的过程，从学习未知开始，到对已知的总结、归纳、思考与探索。例如，伸出一根手指是 1，伸出两根手指就是 1+1=2。这是一个简单的探索和归纳过程，也是人类学习的最初形态。所以总结来说，从已有的信息通过计算、判定和推理，而后得到一个认知结果的过程就是"学习"。

那么，这个所谓的"学习"和"深度学习"又有什么关系呢？这里不妨更进一步地提出一个问题：对于同样的学习内容，为什么有的学生学习好而有的学生学习差？这就涉及一个"学习策略"和"学习方法"问题。对于同样的题目，不同的学生由于具有不同的认知和思考过程，因此得到的答案往往千差万别，归根结底，由于不同的学生具有不同的"学习策略"和"学习方法"，因此具有不同的学习效果。

为了模拟人脑中的"学习策略"和"学习方法"，学术界研究出了使用计算机去模拟这一学习过程的方法，被称为"神经网络"。"神经网络"这个词从字面上看和人脑有着一点关系。在人脑中负责活动的基本单元是神经元，它以细胞体为主体，有许多向周围延伸的不规则树枝状纤维构成的神经细胞。人脑中含有上百亿个神经元，而这些神经元互相连接成一个更庞大的结构，称为神经网络，如图 2-21 所示。

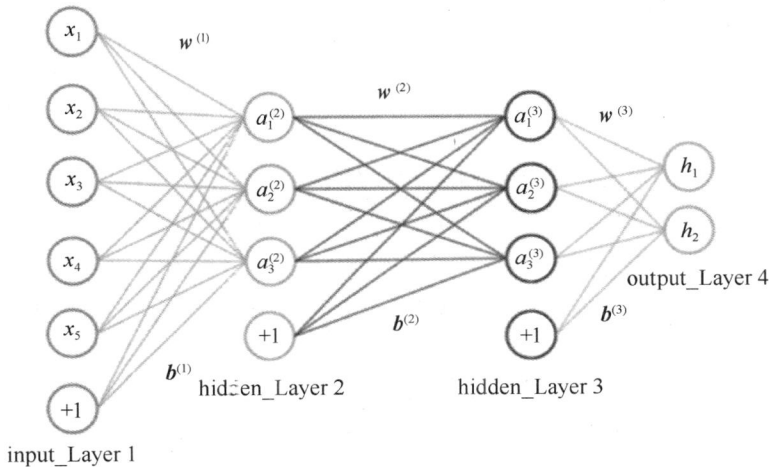

图 2-21　神经网络

2）深度

这里给出两个名词——"输入"和"输出"，输入就是已知的信息，输出就是最终获得的认知的结果。例如，在计算"1+1=2"的过程中，表达式中的 1 和"+"是输入，而得到的计算结果"2"是输出。但是，随着输入的复杂性增加，如当你伸出三根手指时，正常的计算过程就是先计算 1+1=2，然后在得到 2 这个值的基础上计算 2+1=3，这才是一个正常的计算过程。也就是说，数据的输入和计算过程随着输入数据的复杂性增加，需要一个层次化的计算过程，也就是将整体的计算过程分布到各个不同的"层次"上进行计算。

在图 2-21 中，hidden_layer_2 和 hidden_layer_3 是隐藏层，而左边的 input_layer 1 和右边的 output_layer 4 是输出层。如果这是一个计算题，那么每个隐藏层都是对此题过程的步骤和细节进行的处理。可以设想，随着隐藏层的增加及隐藏层内部处理单元的增多，在一个步骤中处理的内容就更多，所使用的数据更为复杂，而能够给出的结果就越多，因此可以在最大限度上对结果进行拟合，从而得到一个近似于"正确"的最终输出。

深度学习是一个复杂的机器学习算法，其模型使用包含大量层的神经网络。它是人为使用不同层次、不同任务目标的"分层"神经元，去模拟整个输入、输出过程的一种手段。

在深度学习过程中，通过多层处理，逐渐将初始的低层特征表示转化为高层特征表示，用"简单模型"完成复杂的分类等学习任务。由此也可将深度学习理解为"特征学习"或"表示学习"。

总而言之，深度学习是学习样本数据的内在规律和表示层次。通过学习过程中获得的信息对文本、图像和声音等数据进行解释，让机器能够像人一样具有分析学习的能力，能够识别文本、图像和声音等。

2. 深度学习模型

深度学习模型有卷积神经网络（Convolutional Neural Network，CNN）、深度置信网络（Deep Believe Network，DBN）和堆栈自编码网络（Stacked Auto-Encoder Network，SAEN）等模型。其主要思想就是模拟人的神经元，每个神经元接收到信息，处理完后传递给与之相邻的所有神经元。

1）卷积神经网络模型

在无监督预训练出现之前，训练深度神经网络通常非常困难，而其中一个特例是卷积神经网络。卷积神经网络受视觉系统结构的启发而产生。最初卷积神经网络模型是在对人类视神经进行研究的过程中提出的，其基于视觉神经元之间的局部连接和分层组织图像转换，将有相同参数的神经元应用于前一层神经网络的不同位置，得到一种平移不变的神经网络结构形式。后来，Le Cun 等人在该思想的基础上，用误差梯度设计并训练卷积神经网络，在一些模式识别任务上得到了优越的性能。至今，基于卷积神经网络的模式识别系统是最好的实现系统之一，在物体的识别、检测和追踪任务上表现出非凡的性能。

2）深度置信网络模型

深度置信网络模型可以解释为贝叶斯概率生成模型，由多层随机隐变量组成，上面的两层具有无向对称连接，下一层得到来自上一层的自顶向下的有向连接，底层单元的状态为可见输入数据向量。深度置信网络模型由多个结构单元堆栈组成，结构单元通常为受限玻尔兹曼机（Restricted Boltzmann Machine，RBM）。堆栈中每个 RBM 单元的可视层神经元数量都等于前一个 RBM 单元的隐藏层神经元数量。

根据深度学习机制，采用输入样例训练第一层 RBM 单元，并利用其输出训练第二层 RBM 单元，将 RBM 单元进行堆栈，通过增加层来改善模型性能。在无监督预训练过程中，深度置信网络编码输入到顶层 RBM 单元后，解码顶层 RBM 单元的状态到底层 RBM 单元，实现输入的重构。RBM 作为深度置信网络的结构单元，与每层深度置信网络共享参数。

3）堆栈自编码网络模型

堆栈自编码网络的结构与深度置信网络类似，由若干结构单元堆栈组成，不同之处在于其结构单元为自编码模型（Auto-En-Coder）而不是 RBM。自编码模型是一个两层的神经网络，第一层称为编码层，第二层称为解码层。

近年来，研究人员逐渐将这几类方法结合起来，如将卷积神经网络结合堆栈自编码网络进行无监督预训练，进而利用鉴别信息微调网络参数形成的卷积深度置信网络。

深度学习预设了更多的模型参数，因此模型训练难度更大，根据统计学习的一般规律可知，模型参数越多，需要参与训练的数据量越大。

2.3.2 神经网络

神经网络技术起源于 20 世纪 50 年代到 20 世纪 60 年代，经过许多科学家的努力，人脑神经元处理信息模式最终演化为神经元模型，也叫感知机（Perceptron）。它是一种多输入、单输出的非线性阈值器件，包含输入层、输出层和隐藏层，如图 2-22 所示。

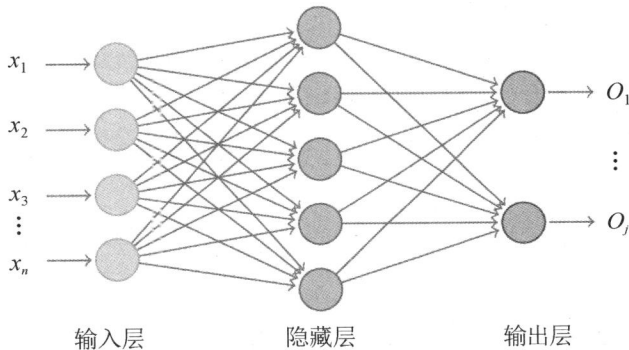

图 2-22 感知机

在一个神经网络中，神经元是构成神经网络的最小单元，如果一个神经元的输出等于 n 个输入的加权和，则网络模型是一个线性输出。在每个神经元加权求和后经过一个激活函数（Activation Function），引入了非线性因素，这样神经网络可以应用到任意非线性模型中。图 2-23 所示为加入偏置项和激活函数后的神经元结构。

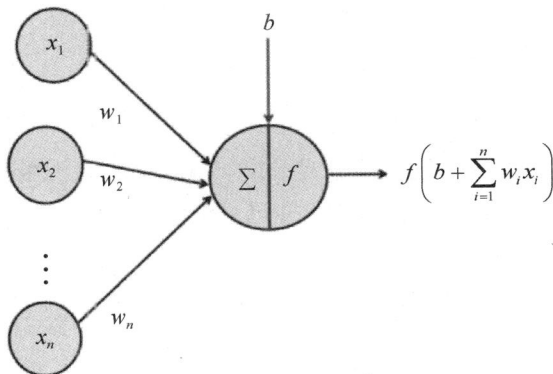

$$f\left(b + \sum_{i=1}^{n} w_i x_i\right)$$

图 2-23 加入偏置项和激活函数后的神经元结构

神经网络具有类似人脑的自适应、自学习的能力。总的来说，神经网络具有以下特性。

（1）极强的非线性映射能力。

（2）强大的计算、处理实际问题的能力。

（3）较强的样本识别与分类能力。

1．神经网络的原理

1）神经网络结构

在神经网络中，每层都有不同的神经元，且每个神经元都会接收来自上一层神经元的信号，并且产生新的输出信号传到下一层神经元。神经元接收上一层的输入并输出到下一层的方式称为前向传播，这种神经网络称为前馈神经网络或多层感知器（Multilayer Perceptron，MLP）。图 2-24 所示的神经网络结构是由一个输入层、若干隐藏层和一个输出层组成的，隐藏层的个数可以为 1，也可以大于 1。输入层表示输入信号，隐藏层和输出层的每个节点都代表一个神经元。信号输入后，依次通过各隐藏层传到输出层。

若一个神经元有 n 个输入，分别为 $x_1, x_2, \cdots, x_n$，每个输入上的权重对应为 $w_1, w_2, \cdots, w_n$，则其输出为

$$y = f(w^\mathrm{T} x + b) \tag{2-9}$$

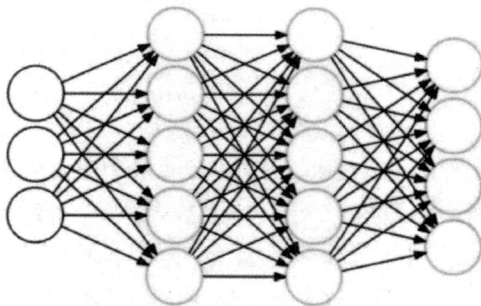

图 2-24　带隐藏层的神经网络结构

2）激活函数

神经网络能解决复杂问题的能力主要取决于网络所采用的激活函数。激活函数决定了该神经元接收输入与偏差信号以何种方式输出，输入通过激活函数转换为输出。常用的 3 种激活函数有 Sigmoid 函数、Tanh 函数和 ReLU 函数。

Sigmoid 函数是常用的连续、平滑的 s 形激活函数，也被称为逻辑（Logistic）函数。可以将一个实数映射到(0,1)区间，用来做二分类，其对应的函数图像如图 2-25 所示，函数表达式为

$$f(x) = \frac{1}{1 + \mathrm{e}^{-w^\mathrm{T} x}} \tag{2-10}$$

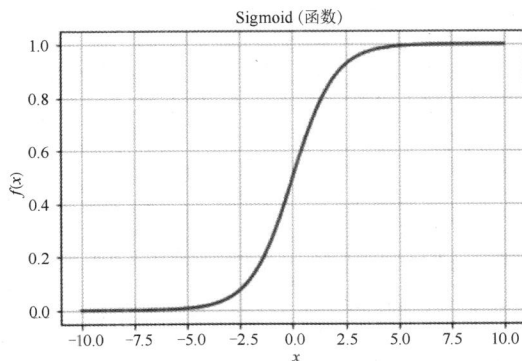

图 2-25　Sigmoid 函数的图像

Tanh 函数也被称为双曲正切函数，值域为 $(-1,1)$，其对应的函数图像如图 2-26 所示，函数表达式为

$$f(x) = \frac{1 - e^{-2w^{\mathrm{T}}x}}{1 + e^{-2w^{\mathrm{T}}x}} \qquad (2-11)$$

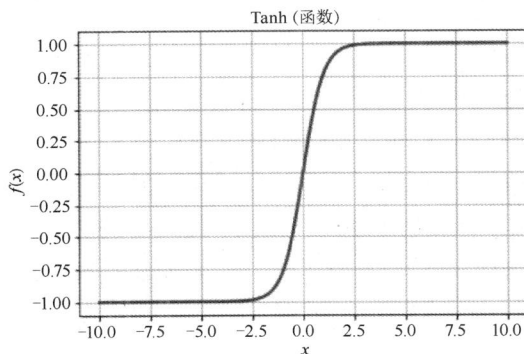

图 2-26　Tanh 函数的图像

ReLU 函数也被称为线性整流函数，指代数学中的斜坡函数，其对应的函数图像如图 2-27 所示，函数表达式为

$$f(x) = \begin{cases} 0 & (x \leqslant 0) \\ x & (x > 0) \end{cases} \qquad (2-12)$$

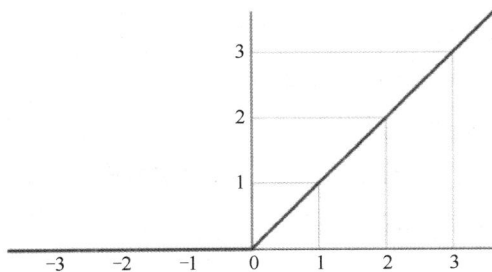

图 2-27　ReLU 函数的图像

ReLU 函数虽然在 $x \leq 0$ 的区间上是导数恒为 0 的线性函数，在 $x \geq 0$ 的区间上是导数恒为 1 的线性函数。但是，从整体来看，在 $(-\infty, +\infty)$ 区间上却是一个非线性函数，或者是分段线性函数。由于 ReLu 函数是分段线性函数，且每段导数都很简单（导数要么为 0，要么为 1），因此计算简单，使用梯度下降法时收敛得更快。所以，在训练过程中能够大幅加快训练速度。

总之，Sigmoid 函数和 Tanh 函数在输入接近无穷大时，输出基本不变化。ReLU 函数在 x 为负值时，输出一直为 0；在 x 为正值时，输出等于输入。所以，利用 ReLU 函数的稀疏性可以较好地进行数据拟合。

2．神经网络的决策

下面通过任务"小芳周末是否去看演唱会？"来说明神经网络的决策。

1）决策因素

影响小芳周末是否去看演唱会的决策因素有 3 个：本周的工作是否完成？朋友是否一起去？该演唱会的口碑是否很好？

设　x_1：本周的工作是否完成？

　　x_2：朋友是否一起去？

　　x_3：该演唱会的口碑是否很好？

如果这 3 个决策因素都是肯定的，其输出用 1 表示，即本周的工作已按时完成、朋友一起去、该演唱会的口碑很好，小芳周末去看演唱会；如果这 3 个决策因素都是否定的，其输出用 0 表示，即本周的工作没有按时完成、朋友不一起去、该演唱会的口碑不好，小芳周末不去看演唱会。这就是一个多重信息输入下的神经网络的决策。

2）权重设置

上面的决策因素只考虑了同时满足或同时不满足的情况，这显然不符合实际需求。在实际生活中，我们需要给这些决策因素指定权重（Weight），以代表不同决策因素的重要性，根据权重做出相关的输出。

假设 x_1 的权重 $w_1=0.5$，x_2 的权重 $w_2=0.2$，x_3 的权重 $w_3=0.3$。那么在本周的工作不能按时完成（$x_1=0$）、朋友一起去（$x_2=1$）、该演唱会的口碑很好（$x_3=1$）的情况下，各决策因素乘以权重得到的综合结果为 $0.5 \times 0 + 0.2 \times 1 + 0.3 \times 1 = 0.5$。

假设 x_1 的权重 $w_1=0.3$，x_2 的权重 $w_2=0.2$，x_3 的权重 $w_3=0.5$，这种情况下各决策因素乘以权重得到的综合结果为 $0.3 \times 0 + 0.2 \times 1 + 0.5 \times 1 = 0.7$。

3）设定阈值

设定一个阈值，如果综合结果大于阈值，则感知器输出 1，否则输出 0。假设阈值为 0.6，那么 0.7>0.6，小芳周末去看演唱会；而 0.5<0.6，小芳周末不去看演唱会。

4）加入偏置项

加入一个偏置项 b。例如，b 代表小芳和朋友的亲密程度，越亲密则 b 越大，也会增加综合结果的值。那么基于小芳考虑的 3 个决策因素、权重和偏置项就可以得到小芳在该事件的激活函数 $f\left(\sum_{i=1}^{n} w_i x_i + b\right)$，由激活函数到最终的输出，有一个阈值的决策函数。

以上就是神经网络的决策。

2.4 机器学习的应用体验

2.4.1 线性回归——预测工资

◆ 案例描述

本案例通过员工工作年限、岗位级别与工资的对应关系表，找出二者之间的关系，并预测在指定的工作年限、岗位级别时工资会有多少。

◆ 案例实现

（1）安装第三方库。

① 启动 Pycharm。

② 单击工作界面下方的"终端"按钮，如图 2-28 所示。

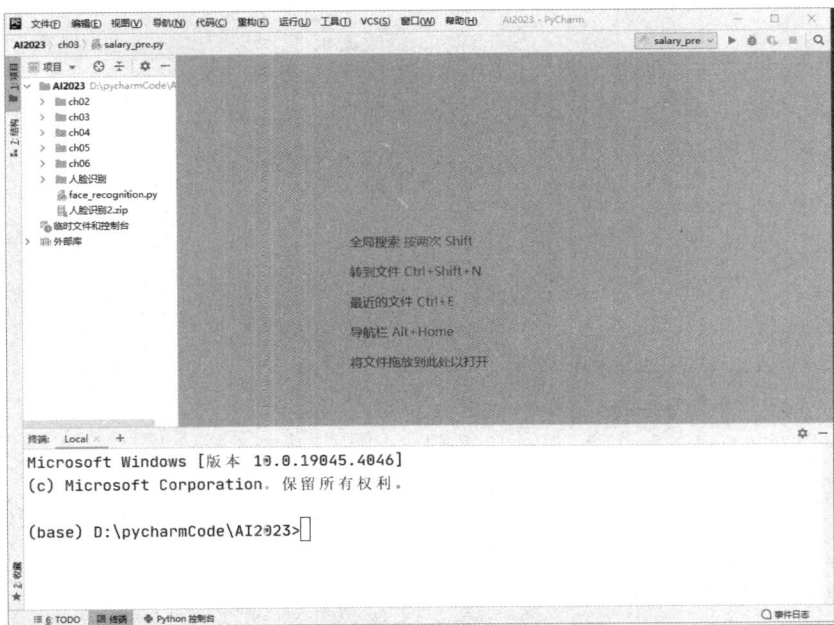

图 2-28 Pycharm 终端

③ 本案例需要用到一些常用的 Python 库，如 NumPy、Pandas、scikit-learn 等。如果提

示库不存在，则需要使用 pip 命令安装相应库。

在图 2-28 中输入如下命令。

```
pip install numpy
pip install pandas
pip install scikit-learn
```

如果安装太慢可用镜像安装，具体参加 6.1.3 节 Python 第三方库的安装。

（2）准备数据集。

首先准备一个工资数据集 salary.csv，其包含以下特征：姓名（name）、工作年限（work_year）、岗位级别（pos）、工资（salary），如图 2-29 所示。从 csv 文件中读取数据。

	A	B	C	D
1	name	work_yea	pos	salary
2	张华	5	7	4000
3	黎明	3	7	2000
4	汪洋	8	2	2000
5	马鸣	2	5	1000
6	婉儿	10	6	3000
7	贾三	3	3	1000
8	王杰	7	3	2000
9	阑珊	5	4	2000
10	伊伊	1	2	1000
11	王丽	8	5	3000
12	李莉莉	3	4	1000
13	王力	2	3	1000
14	陈星星	4	1	1000
15	陈化东	4	4	2000
16	黄河	3	2	1000
17	周丽霞	1	3	1000
18	余华华	4	2	1000
19	周红	5	2	2000
20	王欣欣	3	4	2000
21	李丽芬	7	5	2000

图 2-29　工资数据集

（3）创建 Python 文件，输入并运行 Python 代码。

① 导入库。

输入如下代码。

```
#导入库
import numpy as np
import pandas as pd
from sklearn.linear_model import LinearRegression
```

② 读取数据，显示数据相关信息。

输入如下代码。

```
# 完整显示数据设置
pd.set_option('display.max_columns', 1000)
pd.set_option('display.width', 1000)
pd.set_option('display.max_colwidth', 1000)
# 读取数据
data = pd.read_csv('salary.csv')
data = np.array(data)
```

```
print(data.shape)  #输出(20,4)
```

运行代码，输出结果为(20,4)。

从输出结果可以看出，工资数据集有 20 行数据，每行数据有 4 个特征，分别是 name、work_year、pos 和 salary。

③ 使用线性回归模型拟合数据并进行预测评估。

输入如下代码。

```
# 准备数据
X = data[:, 1:3]                # 特征向量
y = data[:, 3]                  # 标签


# 创建模型及训练
model = LinearRegression()      # 创建线性模型 y = w₁x₁ + w₂x₂ + b
model.fit(X,y)                  # 训练模型


w = model.coef_                 # 斜率 a
b = model.intercept_            # 截距 b
print(model)
print("a=", w)
print("b=", b)


# 预测
result = model.predict([[8,5],[15,6],[20,4]])
print("预测结果: ", np.around(result, 0))
```

选取 work_year、pos 列（data 的第 2、3 列）为特征向量，salary 列（data 的第 4 列）为标签列，创建的线性模型为 $y=w_1x_1+w_2x_2+b$。

工资预测结果如图 2-30 所示。

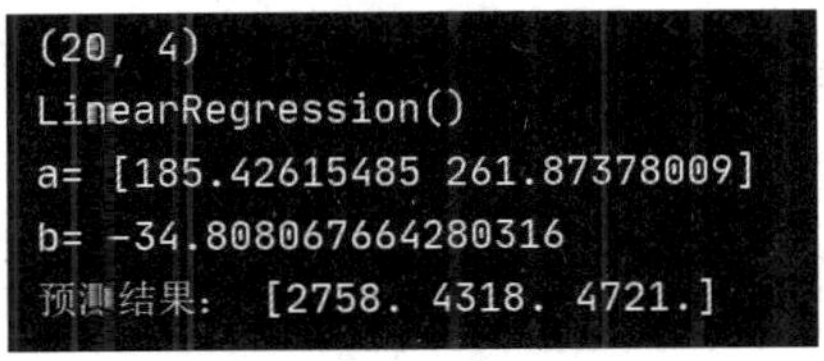

```
(20, 4)
LinearRegression()
a= [185.42615485 261.87378009]
b= -34.808067664280316
预测结果:  [2758. 4318. 4721.]
```

图 2-30　工资预测结果

2.4.2　逻辑回归——预测期末考试成绩能否及格

◆ 案例描述

本案例根据学生某门课程的复习时长和效率预测其期末考试成绩能否及格。首先构造

逻辑回归模型并使用往年的调查结果数据对模型进行训练。然后对学生的复习情况做出预测,并给出在特定学习状态时期末考试成绩及格和不及格的概率。

◉ 案例实现

(1) 数据准备。

准备一些往年的调查结果数据。根据学生的复习情况,确定数据的两个特征:复习时长、效率。其中复习时长的单位为小时,效率为[0,1]之间的浮点数,数值越大表示效率越高。定义训练数据集 X_train,目标数据集 Y_train 为考试结果:0 表示不及格,1 表示及格。

(2) 创建 Python 文件,输入并运行 Python 代码。

① 创建训练数据集。

输入如下代码。

```
import numpy as np
#训练数据集,格式为(复习时长,效率)
#效率为[0,1]之间的浮点数,数值越大表示效率越高
X_train=np.array([(0,0),(2,0.9),(3,0.4),(4,0.9),(5,0.4),(6,0.4),(6,0.8),(6,
0.7),(7,0.2),
(7.5,0.8),(7,0.9),(8,0.1),(8,0.1),(8,0.6),(8,0.8)])
#目标数据集 Y_train 为考试结果:0 表示不及格,1 表示及格
Y_train=np.array(0,0,0,1,0,0,1,1,0,1,1,0,1,1)
print('复习情况: X_train\n',X_train)
```

运行代码,得到如图 2-31 所示的结果。

```
复习情况:
[[0.  0. ]
 [2.  0.9]
 [3.  0.4]
 [4.  0.9]
 [5.  0.4]
 [6.  0.4]
 [6.  0.8]
 [6.  0.7]
 [7.  0.2]
 [7.5 0.8]
 [7.  0.9]
 [8.  0.1]
 [8.  0.6]
 [8.  0.8]]
```

图 2-31 训练数据集

② 使用 scikit-learn 库的 linear_model 模块中的 LogisticRegression 类构造逻辑回归模型,并使用往年的调查结果数据对模型进行训练,使用测试数据评估模型得分。

输入如下代码。

```
from scikit-learn. linear_model import LogisticRegression
```

```
#创建并训练回归模型
logistic=LogisticRegression(solver='lbfgs',c=10)
Logistic.fit(X_train,Y_train)
#测试数据
X_test=[(3,0.9),(8,0.5),(7,0.2),(4,0.5),(4,0.7)]
Y_test=[0,1,0,0,1]
score=Logistic.score(X_test,Y_test)
print('模型得分: ',score)
```

运行代码，输出结果为模型得分：0.8。

③ 预测并输出预测结果。

给出一个学生的学习状态，预测该学生期末考试成绩能否及格，并给出其期末考试成绩及格和不及格的概率。输入如下代码。

```
#预测并输出预测结果
learning=np.array([(8,0.9)])
result=logistic.predict(learning)
result_prob=logistic.predict_proba(learning)
print('复习时长为: {0},效率为: {1}'.format(learning[0,0],learning[0,1]))
print('不及格的概率为: {0: .2f},及格的概率为: {0: .2f}'.format(result_prob[0,0],
result_prob[0,1]))
print('综合判断期末考试结果: {}'.format('及格'if result==1 else '不及格'))
```

运行代码，得到如图 2-32 所示的结果。

```
复习时长为: 8.0, 效率为: 0.9
不及格的概率为: 0.03, 及格的概率为: 0.97
综合判断期末考试结果: 及格
```

图 2-32 模型预测结果

从图 2-32 中可以看出，该学生的期末考试预测结果是及格。

2.5 本章总结

本章主要介绍了机器学习的概念、应用领域、分类、流程及常用的算法。通过预测工资和预测期末考试成绩能否及格两个案例，详细介绍了机器学习库和机器学习流程，可帮助读者掌握线性回归、逻辑回归等机器学习算法，理解机器学习的内涵和机器学习算法的具体应用，为后续进一步使用机器学习进行数据分析打下基础。

本章习题

一、选择题

1. 在深度学习框架设计中，可以通过（　　）操作，评估每轮训练模型的效果。

    A. 模型设计   B. 数据准备

    C. 训练设置   D. 模型评估

2. 在机器学习中，对于数据的操作不包括（　　）。

    A. 数据分析   B. 数据合并

    C. 数据分割   D. 数据预处理

3. 梯度为（　　）的点，就是损失函数的最小值点，一般认为此时模型达到了收敛。

    A. 1   B. 0   C. -1   D. 无穷大

4. 在深度学习中，优化器的作用是（　　）。

    A. 评估模型的优劣

    B. 求解模型损失梯度和更新模型的权重

    C. 评估模型预测结果和实际值的差异

    D. 预测模型效果

5. 下面不属于人工神经网络的是（　　）

    A. 卷积神经网络   B. 循环神经网络

    C. 网络森林   D. 深度置信网络

6. 机器学习包括分析案例、数据获取与处理、（　　）和模型验证 4 个流程。

    A. 数据清洗   B. 模型训练

    C. 模型搭建   D. 数据分析

7. 在深度学习领域中，通常使用（　　）来评估模型的优劣，即评估模型预测结果和实际值的差异。

    A. 优化函数   B. 激活函数   C. 损失函数   D. 正则方法

8. 使用（　　）函数可以将线性回归线转换为逻辑回归线。

    A. Sigmoid   B. 高斯核   C. $P(A)$ D. $H(X)$

9. 在 scikit-learn 库中，通过 LinearRegression 类可以调用（　　）。

    A. 线性回归模型   B. 逻辑回归模型   C. 决策树模型   D. 随机森林模型

10. 支持向量机的简称是（　　）。

    A. AI   B. ML   C. ANN   D. SVM

二、简答题

  1．什么是机器学习？

  2．请描述人工智能、机器学习、深度学习三者之间的关系。

  3．机器学习常用的算法有哪些？

  4．机器学习的分类有哪些？

  5．请描述机器学习的流程。

第3章

3

计算机视觉

⊙ **教学目标**

- 了解计算机视觉的发展历程及应用领域。
- 熟悉基于深度学习的视觉技术。
- 掌握 OpenCV 的基本使用方法。
- 掌握人脸识别和车牌识别项目的开发流程。

3.1 计算机视觉简介

计算机视觉
技术介绍

视觉是人类获取信息最主要的方式，而计算机视觉就是一门研究如何使计算机系统具备视觉感知能力的学科。计算机视觉技术通过模仿人类视觉系统的工作方式，使计算机能够理解、解释和处理图像或视频数据。计算机视觉技术在人脸识别、自动驾驶、医学影像分析、工业质检等领域取得了极大的成功。在数字化、智能化时代，计算机视觉技术为未来科技发展带来了无限可能。

3.1.1 计算机视觉的发展历程

计算机视觉的发展历程可以追溯到 1966 年，在这一年有一个非常有名的人工智能学家——马文·明斯基给他的学生布置了一道非常有趣的暑假作业，就是让学生在计算机前面连一个摄像头，想办法写一个程序，让计算机告诉我们摄像头看到了什么。这道题太有挑战性了，其实它代表了计算机视觉的全部：通过一个摄像头让机器告诉我们它到底看到了什么。所以，1966 年被认为是计算机视觉的起始年。

计算机视觉从起步阶段到如今的蓬勃发展阶段，经历了令人瞩目的发展历程。

1. 起步阶段（20 世纪 50 年代—70 年代）

计算机视觉的奠基工作始于 20 世纪 50 年代，当时主要集中在模式识别的初步探索。20 世纪 50 年代，感知器模型提出，被认为是计算机视觉领域的重要里程碑。然而，在起步阶段，硬件和算法的限制使得计算机无法有效地处理大规模的图像数据。

2. 图像处理的崛起阶段（20 世纪 80 年代—90 年代）

随着计算机性能的提升，图像处理技术在 20 世纪 80 年代—90 年代崛起。图像处理技术的引入为计算机视觉提供了新的工具和途径。早期的图像处理主要集中在边缘检测、图像增强等基本任务上，为后续的模式识别和目标检测打下了基础。

3. 机器学习与深度学习阶段（2000—2010 年）

随着机器学习和深度学习的兴起，计算机视觉取得了巨大的突破。支持向量机等机器学习算法被广泛应用于物体识别任务，而后，深度学习的崛起开启了计算机视觉的新篇章。深度学习模型，尤其是卷积神经网络，在图像分类、物体检测等方面表现出色，推动了计算机视觉技术的快速发展。

4. 图像生成与迁移学习阶段（2010 年至今）

近年来，计算机视觉逐渐向图像生成与迁移学习等方向发展。生成对抗网络的引入使得计算机能够生成逼真的图像，这在虚拟现实、游戏等领域有着广泛的应用。此外，迁移学习的兴起使得模型在不同领域间进行知识迁移，提高了计算机视觉系统的适应性和泛化能力。

计算机视觉的发展经历了从早期的模式识别到深度学习的飞跃，为人工智能的发展提供了强有力的支持。随着计算机视觉技术的不断进步，其在实际应用中取得了巨大成功。人脸识别、自动驾驶、医学影像分析、工业质检等领域都受益于计算机视觉的发展。然而，这也带来了一系列的挑战，包括数据隐私问题、伦理考量及模型的鲁棒性等。

随着硬件性能的提升和算法的不断创新，我们可以期待更加智能、高效的计算机视觉系统。我们将迎来更多令人振奋的创新，推动计算机视觉继续成为改变我们日常生活和产业格局的重要力量。计算机视觉将继续向更广泛的领域发展。同时，社会对于计算机视觉应用的伦理和法律问题将成为关注的焦点。

【思政课堂】《新一代人工智能伦理规范》发布

2021 年 9 月 25 日，国家新一代人工智能治理专业委员会发布了《新一代人工智能伦理规范》（以下简称《伦理规范》），旨在将伦理道德融入人工智能全生命周期，为从事人工智能相关活动的自然人、法人和其他相关机构等提供伦理指引。《伦理规范》经过专题调研、集中起草、意见征询等环节，充分考虑当前社会各界有关隐私、偏见、歧视、公平等伦理问题，包括总则、特定活动伦理规范和组织实施等内容。《伦理规范》提出了增进人类福祉、促进公平公正、保护隐私安全、确保可控可信、强化责任担当、提升伦理素养6项基本伦理要求。同时，提出人工智能管理、研发、供应、使用等特定活动的18项具体伦理要求。

3.1.2　计算机视觉的实现原理

计算机视觉就是利用摄像机和计算机等硬件，实现对目标的图像采集、分类、识别跟踪、测量等，并利用计算机软件开发工具进行处理，从而得到所需的检测图像的一种技术。计算机视觉的最终研究目标是使计算机像人类那样通过视觉观察和理解世界，具有自主适应环境的能力。计算机视觉的实现原理可以简单概括为图像获取、图像处理和模式识别 3个主要步骤。这里所说的图像，包括单张图像和视频，而视频实际上也是由一帧一帧的图像组成的。

1．图像获取

首先，计算机需要获取图像数据，可以通过摄像头、传感器或其他图像采集设备实现。这些设备会捕捉现实世界中的图像，并将其转换为数字信号，以便计算机能够理解和处理。图 3-1 简单展示了图像的采集和数字化过程。

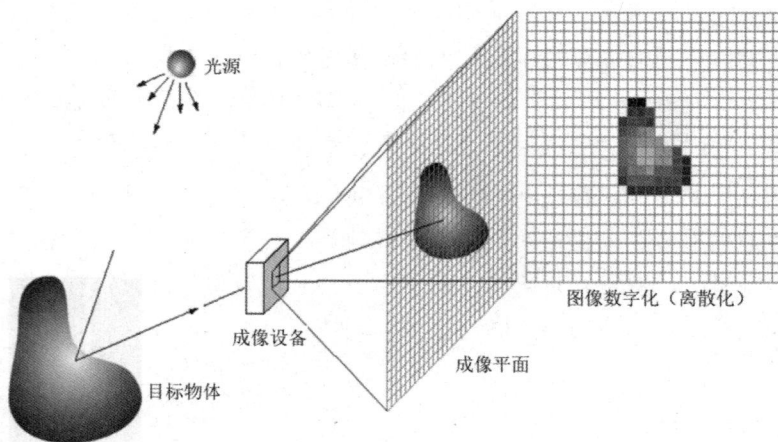

图 3-1　图像的采集和数字化过程

转换为数字信号后的图像，由一个个像素点组成，可以用像素矩阵来表示。每个像素点都有一个对应的像素值（像素值一般在 0～255 之间，数字越大表示颜色越亮，0 表示纯黑色，255 表示纯白色）。如果图像分辨率比较低，数字化之后的图像就会出现模糊失真，呈现所谓的"马赛克"现象。图 3-2 所示为灰度图像的数字化过程，图像的长和宽都只有 8

个像素，分辨率很低，因此转换后发生了形变，丢失了很多细节信息。要提升图像数字化的效果，增大分辨率是一个重要途径。随着摄影设备的不断升级，我们获取的图像分辨率越来越高，图像的视觉效果越来越"高清"。例如，智能手机的摄像头从一开始的几百万像素，升级到今天的亿级像素。

灰度图像只有一个通道，而彩色图像由红、绿、蓝 3 个通道组成（彩色图像还有其他颜色空间表示法，因篇幅有限，本书不做过多叙述，如果读者对此感兴趣，可以深入学习数字图像处理的相关知识）。

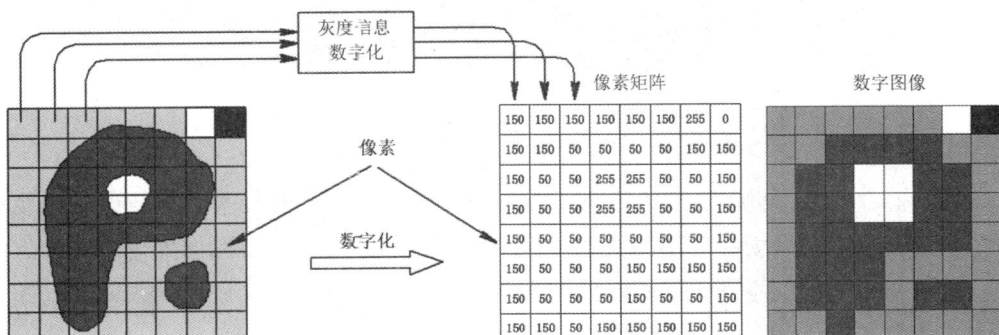

图 3-2　灰度图像的数字化过程

2．图像处理

获取到图像后，计算机会进行一系列图像处理操作，以提取有用的信息，如图 3-3 所示。例如，在图像的预处理阶段，进行去噪、增强对比度等操作；在特征提取阶段，突出图像中的关键特征，如边缘、颜色等。这些处理有助于减小数据量并突显重要信息，以便后续的模式识别。

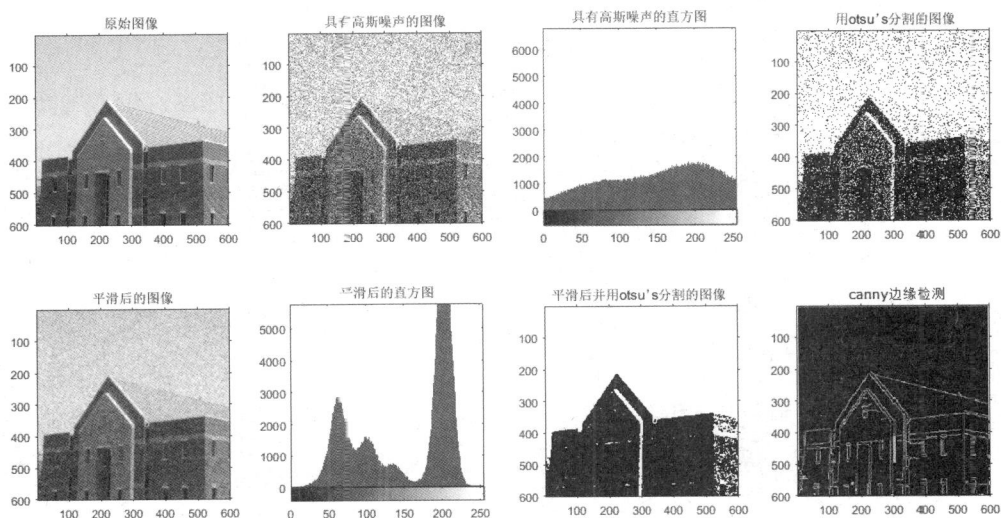

图 3-3　图像处理实例

3．模式识别

在图像处理的基础上，计算机进行模式识别，也就是理解图像中的内容，如图 3-4 所示。深度学习中的卷积神经网络等模型在这一步骤中发挥了关键作用。它能够自动从图像中提取特征，并通过训练过程学习如何分类或识别图像中的目标。

图像分类　　　　单目标检测　　　　多目标检测　　　　图像分割

猫　　　　　　猫　　　　　猫　鸭子　狗　　　　猫　鸭子　狗

图 3-4　模式识别

通过以上 3 个主要步骤，计算机视觉系统能够从图像中获取信息、做出决策或执行任务。例如，人脸识别系统会在图像获取步骤中采集人脸图像，通过图像处理步骤突显面部特征，最后在模式识别步骤中识别并匹配人脸。计算机视觉的实现原理的关键在于图像获取、图像处理和模式识别的协同作用。

3.1.3　计算机视觉的典型应用

人类认识世界的信息中有 90%以上来自视觉，同样计算机视觉成为机器认知世界的基础，其终极目的是使计算机能够像人类一样"看懂世界"。计算机视觉在各个领域都展现出强大的应用潜力，为提高效率、安全性和创新性带来了重大改变。以下是一些计算机视觉的典型应用。

1．人脸识别

人脸识别被广泛应用于交通、金融、安防、社交媒体等领域。通过定位人脸和分析面部特征，计算机能够准确辨识个体身份。

2．自动驾驶

计算机视觉在自动驾驶中扮演着关键角色。通过摄像头获取车辆周围环境图像，计算机视觉系统能够实时识别道路、障碍物、交通标志等，从而智能地操控车辆。

3．医学影像分析

在医学领域，计算机视觉用于分析医学影像，如 CT 扫描、MRI 等，有助于自动检测疾病迹象、辅助诊断，提高医疗水平。

4．工业质检

计算机视觉被广泛应用于工业质检。通过检测产品表面的缺陷、尺寸偏差等，保证产品质量并提高生产效率。

5. 目标检测与跟踪

在视频监控和安防系统中，计算机视觉可用于目标检测与跟踪，帮助监测场景中的异常情况，极大地提升了安保效率，为维护社会治安做出了贡献。

6. 增强现实

计算机视觉为增强现实（AR）提供了支持，通过识别和追踪现实世界中的物体，将虚拟信息叠加到用户的视野中，拓展了交互和娱乐的可能性。

7. 手势识别

通过分析人体手部动作，计算机视觉能够识别手势并将其转换为控制命令，在虚拟现实、智能家居等领域有广泛应用。

8. 文档识别与光学字符识别

计算机视觉可以用于识别、提取文档中的文字信息，实现自动化的文档管理和信息检索。光学字符识别（OCR）是其中的关键组成部分。

9. 智慧零售

在零售业，计算机视觉用于人流分析、货架管理、商品识别等，可以提升购物体验、减少盗窃，并优化库存管理。

上述应用只是计算机视觉在众多领域中的冰山一角，计算机视觉技术的不断创新和发展为各行各业带来了更多可能性。

3.2　基于深度学习的视觉技术

基于深度学习的
计算机视觉技术

深度学习的核心思想是通过模仿人脑神经网络结构，建立多层次的神经网络，使计算机能够模拟人类学习的方式，从而自动学习和提取复杂的特征。这种模型的引入为视觉任务带来了翻天覆地的变化，让计算机能够更深入、更准确地理解和处理图像数据。随着深度学习的崛起，视觉技术在图像分类、目标检测、图像分割和轨迹跟踪等方面取得了革命性的进展。

3.2.1　图像分类

1. 图像分类的概念

图像分类是计算机视觉领域的一项关键任务，旨在将输入的图像划分为不同的预定义类别。这是一种将图像与事先训练好的分类模型相匹配的过程，使得计算机能够自动识别和分类图像，从而实现对大规模图像数据的高效管理和分析。例如，将一个人的证件照按男女分类就是一个图像分类问题，因为预先设定的类别为男和女，一共两个类别，因此，这是一个二分类问题。在机器学习中非常经典的鸢尾花分类问题，除了可以使用花萼长、花萼宽、花瓣长、花瓣宽这四个特征进行分类，还可以使用计算机视觉技术进行分类。使用图像分类技术，我们只需将鸢尾花的照片输入鸢尾花图像分类模型，就能从"山鸢尾花""变色鸢尾花""维吉尼亚鸢尾花"这三个预置的类别中得到一个答案，如图 3-5 所示。

图 3-5　鸢尾花图像分类

2．机器学习中图像分类的基本原理

（1）特征提取。在传统方法中，图像分类的首要步骤是从图像中提取特征。这些特征包括颜色、纹理、形状等，帮助模型捕捉图像中的关键信息。

（2）特征表示。提取的特征需要被适当表示，以便计算机能够理解和处理。常用的表示方法包括向量或矩阵形式，以便输入到分类器中。

（3）分类器。分类器是一个数学模型，用于根据输入的特征将图像分配到不同的类别中。常见的分类器包括支持向量机、决策树、随机森林等。这些分类器经过训练，能够学习如何将特征与类别关联起来。

（4）训练和测试。训练阶段使用已标记的图像数据集，训练分类器调整其参数，使其能够正确地将图像分配到相应的类别中；测试阶段则通过未标记的图像验证模型的性能，评估其在新数据上的泛化能力。

3．基于深度学习的图像分类算法

（1）卷积神经网络。深度学习中最成功的图像分类算法之一是卷积神经网络。卷积神经网络通过卷积层和池化层逐层提取图像的局部和全局特征。这些特征在全连接层中被用于分类决策。卷积神经网络的层次结构使其能够逐渐抽象出更高级别的特征，从而提高模型对图像语义的理解能力。

（2）迁移学习。利用在大规模数据集上预训练的深度学习模型，如在 ImageNet 上训练的模型，进行迁移学习。将预训练的模型的权重用于新的图像分类任务，使得模型能够更快速地收敛和获得更好的性能。

（3）激活函数和正则化。深度学习中的图像分类网络通常使用非线性激活函数，如 ReLU 函数，以帮助网络学习更复杂的特征。正则化技术如 Dropout 也被广泛应用，以防过拟合。

目前，图像分类一般使用深度学习来实现。图像分类常用的经典卷积神经网络包括但不限于以下几种。

（1）LeNet-5。LeNet-5 于 1998 年被提出，是卷积神经网络的先驱之一，主要应用于手写数字的识别，包含卷积层、池化层和全连接层。虽然在当时并未引起广泛关注，但为后来更先进的网络奠定了基础。作为经典的入门级神经网络，对于简单字符的识别效果尚可，然而，对于更加复杂的项目，如人脸识别、车牌识别等，LeNet-5 的结构过于简单，可能无法得到较高的准确率。

（2）AlexNet。AlexNet 于 2012 年被提出，是深度学习在图像分类中的重要突破。它在 ILSVRC 2012 图像分类竞赛中取得了显著的胜利。AlexNet 采用更深的网络结构，使用 ReLU 函数，引入了 Dropout 正则化，同时利用 GPU 进行高效训练。

（3）VGGNet。VGGNet 于 2014 年被提出，采用了非常深的网络结构，包含 16 或 19 层卷积层，全部使用 3×3 的小卷积核，使得网络结构更加简洁而深入。VGGNet 的设计理念影响了后续深度学习模型的构建。

（4）GoogleNet。GoogleNet 于 2014 年被提出，引入了 Inception 模块，通过并联多个不同大小的卷积核和池化层，提高了网络的宽度和深度。GoogleNet 在参数相对较少的情况下取得了较好的性能。

（5）ResNet。ResNet 于 2015 年被提出，通过引入残差块，解决了深度网络训练中的梯度消失和梯度爆炸问题。ResNet 允许网络层跳过连接，使得训练更加容易，并允许构建超深的网络。

（6）MobileNet。MobileNet 于 2017 年被提出，设计用于移动设备上的实时图像处理。MobileNet 采用深度可分离卷积，减少了参数和计算量，使得在资源受限的设备上也能实现高效的图像分类。

（7）EfficientNet。EfficientNet 于 2019 年被提出，通过使用复合缩放方法，同时增加了网络的深度、宽度和分辨率，以达到更好的性能。EfficientNet 在参数相对较少的情况下，取得了与更大、更深的模型相媲美的效果。

3.2.2 目标检测

1. 目标检测的概念

目标检测是计算机视觉领域中的一项重要任务，旨在从图像或视频中识别和定位图像中的多个目标，并为每个目标分配相应的类别标签。与图像分类不同，目标检测不仅需要确定图像中是否存在目标，还需要准确地标定目标的位置，如图 3-6 所示。这一任务在各种应用中都具有重要的实际价值，如智能监控、自动驾驶、医学图像分析等。

图 3-6　目标检测实例

目标检测的关键步骤包括目标定位和目标识别。目标定位是指确定图像中目标的位置，通常使用边界框（Bounding Box）来表示目标在图像中的范围；目标识别为定位到的目标分配正确的类别标签，即确定目标属于哪一类别（如人、车、动物等）。在一张图像中可能存在多个不同类别的目标，因此目标检测需要能够处理多目标的情况，并为每个目标提供准确的定位和分类信息。

在很多应用场景中，如自动驾驶或实时监控，目标检测需要在短时间内实时完成，因此对算法的实时性有一定的要求。

2．传统的目标检测算法

传统的目标检测算法主要基于计算机视觉领域的传统方法，其中包含一系列手工设计的特征提取和目标识别的步骤。以下是一些传统的目标检测算法。

（1）HOG（Histogram of Oriented Gradients，梯度方向直方图）。使用图像中的梯度信息描述图像的局部结构，尤其适用于描述物体的边缘和纹理。将图像划分为小的局部区域，计算每个区域内的 HOG，最终将这些直方图串联起来形成特征向量。

（2）SIFT（Scale-Invariant Feature Transform，尺度不变特征转换）。具有尺度不变性和旋转不变性，对于图像中的局部特征点具有很好的描述能力。在图像中检测关键点，提取这些关键点周围的局部特征，通过 SIFT 算子表示这些特征。

（3）GLOH（Gradient Location-Orientation Histogram，梯度位置方向直方图）。GLOH 是 SIFT 的改进版本，增加了对光照和旋转的鲁棒性。在关键点周围计算梯度直方图，并使用多尺度的描述子来提高对尺度变化的适应性。

（4）DPM（Deformable Parts Model，可变形部件模型）。引入"变形部分模型"来处理目标的非刚性形变，将目标分解为多个部分，每个部分都用 HOG 描述，通过学习部分之间的相对位置关系来构建目标模型。

（5）SS（Selective Search，选择性搜索）算法。SS 算法是一种基于贪心策略的区域生成算法，用于生成候选区域。通过对图像进行分割、合并和其他操作，生成具有多样性的候选区域，使用分类器对这些区域进行检测。

（6）ICF（Integral Channel Features，积分通道特征）。使用积分图像进行快速等征计算，提高了算法的计算效率。利用图像的积分图像计算各种特征，如梯度特征、颜色特征等，用于目标检测。

这些传统的目标检测算法在一定场景下表现良好，但通常需要手工设计特征，对于复杂场景和多尺度变化的目标有一定的局限性。近年来，基于深度学习的目标检测算法逐渐取代了传统的目标检测算法，通过端到端的学习实现更高的性能。

3．基于深度学习的目标检测算法

基于深度学习的目标检测算法在性能上取得了显著的提升，这些算法主要利用卷积神经网络及一些创新的结构和技术。以下是一些流行的基于深度学习的目标检测算法。

（1）Faster R-CNN（Region-based Convolutional Neural Network，基于区域的卷积神经网络）。引入了 RPN（Region Proposal Network，区域提议网络）和 ROI 池化层，实现了端到端的目标检测。RPN 首先生成候选目标区域，然后通过 ROI 池化层将这些区域转换为固定大小的特征图，最后通过全连接层进行分类和定位。

（2）YOLO 算法。YOLO 算法通过将图像划分为网格，每个网格负责检测特定区域内的目标，实现实时目标检测。将目标检测任务视为回归问题，直接预测目标的坐标和类别，并在整个图像上进行端到端的训练和预测。

（3）SSD（Single Shot Multibox Detector，单步多框目标检测）。SSD 通过在不同层次的特征图上使用多个锚框进行检测，实现对多尺度目标的有效检测。利用多个卷积层产生的特征图进行目标检测，通过预测每个锚框的类别和边界框偏移来完成任务。

（4）Mask R-CNN。Mask R-CNN 在 Faster R-CNN 的基础上进一步增加了对实例分割的支持，同时能够输出每个检测到的目标的精确边界。在 Faster R-CNN 的基础上引入了额外的分割网络，用于生成每个目标的二进制掩码。

（5）RetinaNet。RetinaNet 采用一种称为"Focal Loss"的损失函数，有效地解决了类别不平衡问题，提高了对稀有目标的检测能力。在 Faster R-CNN 的基础上引入了特殊设计的损失函数，使得模型更关注难以分类的目标。

（6）EfficientDet。EfficientDet 结合 EfficientNet 的轻量级设计和目标检测任务的需求，实现了高效而准确的目标检测。通过改进网络结构、FPN（Feature Pyramid Network，特征金字塔网络）等技术来提高模型的效率。

这些基于深度学习的目标检测算法在准确性、速度和泛化能力等方面都取得了显著的进展，广泛应用于图像和视频分析、自动驾驶、智能监控等领域。随着深度学习技术的不断发展，未来可能涌现出更多创新的目标检测算法。

3.2.3 图像分割

1. 图像分割的概念

图像分割旨在将图像划分为若干具有相似特征的区域。这些区域可以是图像中的对象、物体、结构，也可以是具有相似纹理、颜色、亮度等特性的图像区域。图像分割的目的是将图像中的内容分隔开，以便更好地理解和分析图像的结构。图像分割通常产生像素级别的标注，为图像中的每个像素分配一个标签。图像分割与目标检测不同，图像分割是一个像素级别的任务，其目标是将图像分割成区域，每个像素都有一个标签；而目标检测是在物体级别上进行操作，关注点在于识别图像中存在的物体及其位置。图像分割常用于图像编辑、场景理解等领域，如图 3-7 所示。

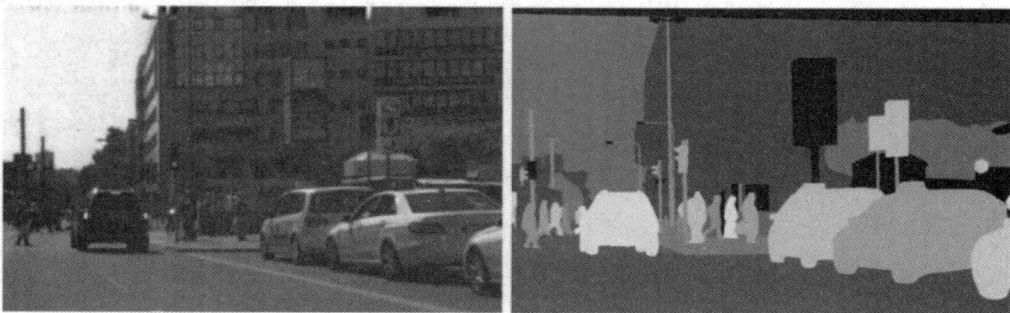

图 3-7 图像分割实例

2. 传统的图像分割算法

传统的图像分割算法主要以数字图像处理技术为基础，以下是一些传统的图像分割算法。

（1）阈值分割（Thresholding）。阈值分割是一种简单而常用的算法，基于图像中像素的灰度。通过设定一个阈值，将图像分为两个区域，其中像素值小于阈值的属于一个区域，大于或等于阈值的属于另一个区域。阈值分割一般只适用于对比度较明显的图像。

（2）区域生长（Region Growing）。区域生长是一种基于像素相似性的图像分割算法，从种子像素开始，逐渐将相邻像素加入同一区域，直到不再满足相似性条件。区域生长适用于具有相对均匀区域的图像。

（3）区域分割（Region Segmentation）。区域分割是一种自顶向下的图像分割算法，首先将整个图像视为一个区域，然后递归地分裂和合并区域，直到满足某些准则。区域分割适用于具有不同纹理和结构的图像。

（4）边缘检测（Edge Detection）。边缘检测用于寻找图像中的边缘，通常使用梯度信息来定位图像中亮度变化较大的区域。边缘检测适用于强调物体边界分割的图像。

（5）水平集方法（Level Set Methods）。水平集方法基于曲线演化理论，通过表示图像中的区域边界的曲线进行分割。水平集方法适用于复杂形状和拓扑结构分割的图像。

这些传统的图像分割算法在特定场景和数据特性下表现良好，但对于复杂、多变的图像可能存在一些局限性。随着深度学习技术的兴起，基于深度学习的图像分割算法（如卷积神经网络）逐渐取代了传统的图像分割算法，并在许多任务中取得了显著的进展。

3．基于深度学习的图像分割算法

基于深度学习的图像分割算法使用深度神经网络模型，特别是卷积神经网络及其变种，以实现图像的精确分割。以下是一些主要的基于深度学习的图像分割算法。

（1）U-Net。U-Net 是一种全卷积网络，设计用于生物医学图像分割。它包含一个编码器（Encoder）和一个解码器（Decoder），并通过跳跃连接（Skip Connections）来保留高层次和低层次的特征。U-Net 主要应用于医学图像分割，如细胞图像和医学影像。

（2）SegNet。SegNet 是一个基于卷积神经网络的图像分割网络，通过对图像中的每个像素进行分类来实现分割。它使用反卷积进行上采样，恢复图像的空间分辨率。SegNet 适用于语义分割任务，如道路和场景理解。

（3）DeepLab 系列。DeepLab 是一系列图像分割算法，采用空洞卷积（Dilated Convolution）来扩大感受野，更好地捕捉上下文信息。DeepLabv3+引入了全局平均池化（Global Average Pooling）。DeepLab 系列广泛应用于语义分割任务，如实例分割和物体检测。

（4）Mask R-CNN。Mask R-CNN 是一种实例分割框架，其基于 Faster R-CNN，通过在目标检测的基础上增加分割分支，实现同时检测和实例分割。Mask R-CNN 主要适用于需要识别和分割多个对象实例的任务。

（5）FCN（Fully Convolutional Network，全连接神经网络）。FCN 是一种将传统卷积神经网络转换为全卷积网络的算法，允许对输入图像进行像素级别的分类和分割。FCN 适用于语义分割任务，如将图像中的每个像素标记为不同的类别。

（6）PSPNet（Pyramid Scene Parsing Network，金字塔场景分析网络）。使用金字塔池化（Pyramid Pooling）模块来捕捉不同尺度上的语境信息，从而提高分割性能。PSPNet 适用于需要全局上下文信息的场景，如城市场景分割。

这些基于深度学习的图像分割算法在各种领域中取得了显著的成果，推动了图像分割技术的发展，并在医学图像、自动驾驶、图像编辑等领域得到了广泛应用。随着深度学习领域的不断发展，新的模型和技术不断涌现，为图像分割带来了更多的创新和进步。

3.2.4　轨迹跟踪

1．轨迹跟踪的概念

轨迹跟踪是计算机视觉领域中的一项重要任务，其目标是在视频序列中准确地追踪目标对象的运动轨迹，如图 3-8 所示。

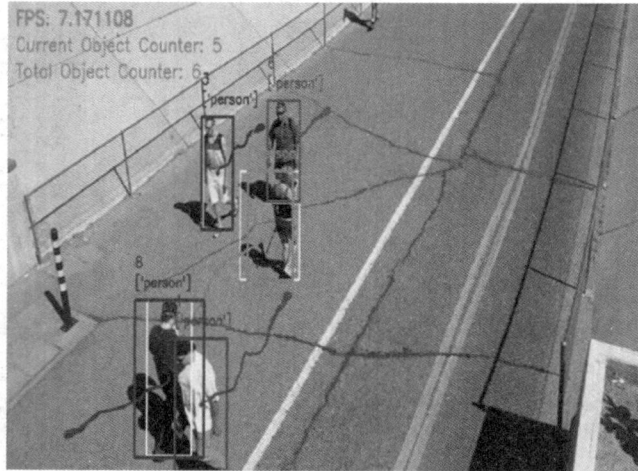

图 3-8 轨迹跟踪实例

轨迹跟踪常用于监控系统、自动驾驶、无人机导航、人体姿态分析等领域。轨迹跟踪需要在连续帧中检测目标，并将它们关联起来形成时间上的轨迹。轨迹跟踪的关键步骤如下。

（1）目标检测。在每帧图像中使用目标检测算法来定位目标对象的位置。这可以是基于深度学习的目标检测器，也可以是传统的计算机视觉算法。

（2）目标关联。将相邻帧中的检测结果关联起来，确保在不同帧中属于同一目标的检测结果被正确匹配。

（3）轨迹生成。将关联的检测结果按时间顺序连接起来，形成目标轨迹，通常以坐标序列的形式表示。

（4）轨迹更新。随着时间推移，目标的状态可能发生变化，因此需要不断更新轨迹以适应目标的运动。

（5）处理遮挡和消失。处理目标在运动过程中被其他物体遮挡或离开视野的情况，确保轨迹的连续性。

（6）多目标跟踪。处理视频中存在多个目标的情况，确保每个目标都能被准确跟踪。

2．传统的轨迹跟踪算法

传统的轨迹跟踪算法主要基于计算机视觉领域的传统算法，这些算法通常依赖目标检测、特征匹配和轨迹更新等技术。以下是一些传统的轨迹跟踪算法。

（1）卡尔曼滤波（Kalman Filtering）。卡尔曼滤波是一种递归的估计算法，通过对目标的当前状态和运动进行建模，结合观测数据，不断更新目标的状态估计。在轨迹跟踪中，卡尔曼滤波可用于预测目标的下一帧位置。

（2）最邻近跟踪（Nearest Neighbor Tracking）。在每帧图像中，使用距离度量（如欧氏距离）找到当前帧检测结果与上一帧跟踪目标的最邻近匹配。卡尔曼滤波简单直观，但对于遮挡等情况可能不鲁棒。

（3）KLT 跟踪器（KLT Tracker）。基于光流的 KLT（Kanade-Lucas-Tomasi）跟踪器使用局部图像区域的特征点，通过追踪这些特征点的运动实现目标跟踪。KLT 跟踪器适用于一定程度的目标运动和变形。

（4）中值流（Median Flow）算法。中值流算法利用检测框中的像素强度信息计算光流，并通过中值流场的方向和大小更新目标的位置。中值流算法适用于低速运动的目标。

（5）连通区域跟踪（Connected Component Tracking）。在二值图像中，通过检测连通区域（二值图像中相邻的白色像素）来跟踪目标。连通区域跟踪适用于目标边界清晰的情况。

（6）CAMShift（Continuously Adaptive Mean Shift，连续自适应的 Mean Shift）算法。CAMShift 算法基于 Mean Shift 算法，通过不断调整搜索窗口的大小和方向，实现目标的跟踪。CAMShift 算法适用于目标尺寸和颜色较为一致的情况。

这些传统的轨迹跟踪算法在一定的场景和约束下具有一定的效果，但它们通常对于复杂的场景、快速运动、遮挡等情况可能表现不佳。近年来，随着深度学习的兴起，基于深度学习的轨迹跟踪算法逐渐成为主流，能够更好地适应各种复杂场景。

3. 基于深度学习的轨迹跟踪算法

基于深度学习的轨迹跟踪算法通常利用深度神经网络结构，以端到端的方式学习目标的运动模式和特征，从而实现更精准和鲁棒的轨迹跟踪。以下是一些基于深度学习的轨迹跟踪算法。

（1）DeepSORT（Deep Simple Online and Realtime Tracking，深度简单在线实时跟踪）。DeepSORT 结合了目标检测和深度学习特征提取的优点，使用卷积神经网络提取特征，并通过外观特征和运动信息来关联和跟踪目标。首先利用深度学习目标检测器（如 YOLO 算法或 Faster R-CNN）来检测目标，然后使用深度学习特征提取器（如 ReID 网络）提取目标外观特征，最后使用卡尔曼滤波进行轨迹预测和关联。

（2）MOTDT（Multiple Object Tracking with Deep Learning，基于深度学习的多目标跟踪）。MOTDT 采用深度学习的目标检测器和在线学习的轨迹跟踪器，通过卷积神经网络提取特征，使用卡尔曼滤波进行轨迹预测，并采用在线学习策略不断更新模型。在目标检测结果上应用卷积神经网络提取特征，使用在线学习策略不断更新外观模型，通过卡尔曼滤波实现目标的轨迹跟踪。

（3）DeepMOT。DeepMOT 基于深度卷积神经网络，将目标检测、特征提取和轨迹跟踪整合到一个统一的深度学习框架中，以提高端到端的性能。使用卷积神经网络提取图像特征，通过 LSTM 或 Transformer 等结构对序列信息进行建模，最终输出目标轨迹。

（4）FairMOT。FairMOT 采用多任务学习的方法，同时预测目标的类别、位置和运动状态，提高多目标跟踪的准确性。使用深度卷积神经网络同时处理目标检测和轨迹跟踪任务，通过多任务学习框架进行联合训练。

（5）SORT（Simple Online and Realtime Tracking，简单在线实时跟踪）。SORT 结合了目标检测和卡尔曼滤波的优点，通过简单有效的方法实现实时目标跟踪。使用目标检测器（如 YOLO 算法或 Faster R-CNN）获取目标位置，使用卡尔曼滤波进行轨迹的预测和更新。

在实际应用中，轨迹跟踪需要具备鲁棒性，能够适应各种场景和目标的复杂运动。这些基于深度学习的轨迹跟踪算法在复杂场景中表现优越，能够更好地适应目标的外观变化和运动模式，成为目标跟踪领域的研究热点。特别是基于循环神经网络或长短期记忆网络等结构的算法，能够有效处理时间序列信息。轨迹跟踪的发展对于实现更智能的视频分析和实时监控具有重要意义。

【思政课堂】坚守高尚的道德情操，向非法技术滥用说不

计算机视觉技术的快速发展给我们带来了很多益处，然而，一部分人却将这项技术用于非法或非道德用途。在图像处理技术发展之初，就有人使用 PS 技术炮制虚假照片，从而制造虚假新闻误导公众认知，或者用来诽谤、侮辱他人。在深度学习的加持下，计算机视觉技术更加强大，AI 换脸、视频合成的效果有时甚至可以达到以假乱真的程度。这给一些不良团体或个人炮制虚假、低俗信息提供了便利。在社交媒体发达的今天，这些虚假的不良信息能够轻易被传播。一些不法分子甚至利用相关的技术，仿冒他人身份进行电信诈骗。作为一名人工智能技术的学习者，我们在增强自身技术能力的同时，需要不断提升自己的道德操守，拒绝非法技术滥用，抵制不良信息。

3.3 OpenCV 的基础

Opencv 基础

OpenCV（Open Source Computer Vision Library，开源计算机视觉库）旨在提供一套通用的计算机视觉和机器学习工具。OpenCV 支持多个操作系统，包括 Windows、Linux、macOS 等，它由一系列高效且优化的 C/C++ 函数组成，同时提供 Python、Java 和其他语言的接口，使得开发者能够轻松使用这些功能。以下是 OpenCV 的一些主要功能。

1）图像处理

OpenCV 提供了丰富的图像处理功能，包括图像读写、图像变换、颜色空间转换、直方图均衡等。

2）计算机视觉工具包

OpenCV 包含一系列工具和实用程序，用于加速计算机视觉应用的开发。OpenCV 包含大量的计算机视觉算法，如特征检测、目标检测、目标跟踪、立体视觉等。

3）机器学习

OpenCV 集成了一些常见的机器学习算法，包括支持向量机、k 均值聚类、决策树等。

4）深度学习

OpenCV 提供了对深度学习框架（如 TensorFlow、PyTorch）的支持，包括深度学习模型的加载和推理功能。

5）实时视频处理

OpenCV 支持实时视频处理，能够处理摄像头输入、视频流和图像序列。

6）图像和视频的特征提取

OpenCV 提供了一系列特征提取算法，如 SIFT、SURF、ORB 等，以及描述子匹配和图像配准功能。

7）图像分割和轮廓检测

OpenCV 提供了用于图像分割和轮廓检测的工具，有助于识别和提取图像中的对象。

OpenCV 广泛应用于学术研究、工业应用、医学图像处理、机器人技术等众多领域。由于 OpenCV 具有丰富的功能和强大的性能，因此其成为计算机视觉领域中使用最广泛的库之一。

3.3.1　OpenCV 的安装

OpenCV 提供了多种语言的接口，而 Python 是目前人工智能学习领域中最流行的语言，因此，我们主要介绍在 Python 中如何使用 OpenCV。本节以 Windows 操作系统为例，介绍如何安装 OpenCV。

1．pip 命令的安装

在安装 OpenCV 之前，请确保你已经安装了 Python，将 Python 安装路径添加到系统环境变量中，并配置 Python 的 pip 工具。

输入 cmd 命令，打开命令行终端界面（你也可以在 PyCharm 等开发工具中打开一个终端），输入以下命令。

```
pip install opencv-python
```

等待一段时间后，如果提示安装成功，则成功安装了 OpenCV。

以上命令会直接到官方网站获取安装包，下载速度有可能较慢，甚至发生网络异常导致安装失败。如果遇到以上问题，可以尝试临时更换下载安装包的 pip 源，如将 pip 源更换为清华源。输入以下命令，可以加快下载和安装速度。

```
pip install opencv-python -i https://pypi.tuna.tsing***.edu.cn/simple
```

2．conda 命令的安装

如果使用 anaconda 环境进行 Python 开发，那么可以使用 conda 命令安装 OpenCV。
打开 anaconda prompt 工具的终端界面，输入以下命令。

```
conda install opencv
```

或者

```
conda install -c https://conda.anaconda.org/menpo opencv
```

3.3.2　OpenCV 的图像处理

OpenCV 提供了丰富的图像处理功能，涵盖了从基本的图像操作到高级的计算机视觉算法。以下是一些常见的 OpenCV 的图像处理操作。

1．读取、显示和保存图像

```
import cv2
# 读取图像
image = cv2.imread('image.jpg')
# 显示图像
cv2.imshow('Image', image)
cv2.waitKey(0)
cv2.destroyAllWindows()
# 保存图像
cv2.imwrite("image_save.jpg",image)
```

2．缩放图像

```
# 缩放图像
height, width = image.shape[:2]
resized_image = cv2.resize(image, (int(width/2), int(height/2)))
```

3．图像灰度化

```
# 将图像转为灰度图
gray_image = cv2.cvtColor(image, cv2.COLOR_BGR2GRAY)
```

4．图像阈值处理

```
#图像二值化
threshold_value = 150
max_value = 255
ret,binary_image=cv2.threshold(gray_image,threshold_value,max_value,
cv2.THRESH_BINARY)
```

```
#二值化后，图像取反
reverse_binary = 255- binary_image
```

5. 边缘检测

```
# 边缘检测
lower_threshold = 100
upper_threshold = 200
edges = cv2.Canny(gray_image, lower_threshold, upper_threshold)
```

6. 图像滤波

```
# 图像平滑
kernel_size = 10
smoothed_image = cv2.blur(image, (kernel_size, kernel_size))
# 图像锐化
kernel = np.array([[0, -1, 0], [-1, 8, -1], [0, -1, 0]], np.float32) #锐化
sharpening = cv2.filter2D(image, -1, kernel=kernel)
```

7. 轮廓检测

```
# 寻找轮廓
contours,hierarchy=cv2.findContours(reverse_binary,cv2.RETR_EXTERNAL,
cv2.CHAIN_APPROX_SIMPLE)
# 绘制轮廓
cv2.drawContours(image, contours, -1, (0, 0, 0), 5)
```

8. 形态学操作

```
# 膨胀操作
kernel = np.ones((5,5), np.uint8)
dilated_image = cv2.dilate(binary_image, kernel, iterations=1)
# 腐蚀操作
eroded_image = cv2.erode(binary_image, kernel, iterations=1)
```

9. 色彩空间转换

```
# 将图像从 BGR 色彩空间转换为 HSV 色彩空间
hsv_image = cv2.cvtColor(image, cv2.COLOR_BGR2HSV)
```

图 3-9 展示了几种图像处理操作的效果。上述内容仅仅是 OpenCV 提供的图像处理功能的冰山一角。OpenCV 还支持更高级的功能，如特征检测、图像匹配、摄像头标定、立体视觉等。你可以查阅 OpenCV 官方文档，或者浏览相关的技术博客，以获取更详细的信息和代码。

注意：使用 OpenCV 读取中文文件路径或显示中文时，可能会发生异常，需要进行额外的配置。因此，在运行 OpenCV 相关的 Python 代码时，文件名称和目录最好设置为英文

或汉语拼音。

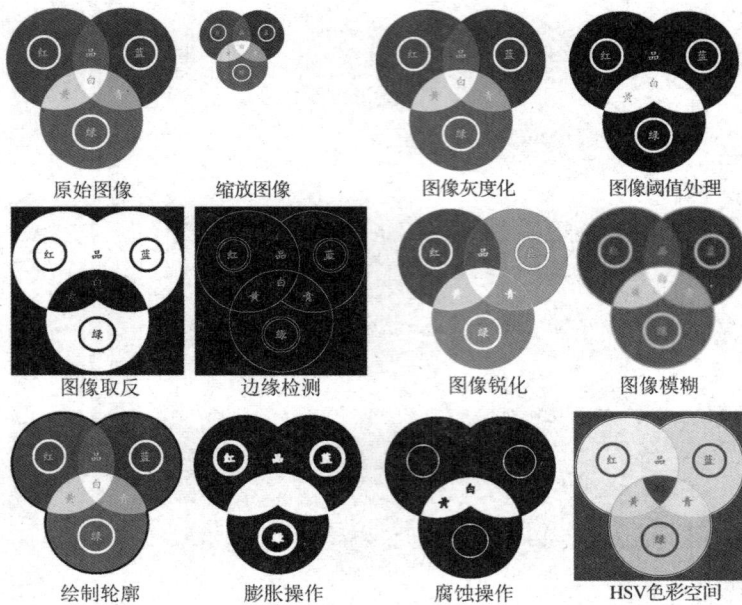

图 3-9　OpenCV 的图像处理操作的效果

3.3.3　OpenCV 的视频处理

OpenCV 提供了强大的视频处理功能，包括读取、写入、实时处理和显示视频。以下是一些常见的 OpenCV 的视频处理操作。

1．读取和显示视频

```python
import cv2
# 打开视频文件
cap = cv2.VideoCapture('video.mp4')
# 读取视频帧
while True:
    ret, frame = cap.read()
    if not ret:
        break
    # 显示视频帧
    cv2.imshow('Video', frame)
    # 按 'q' 键退出循环
    if cv2.waitKey(25) & 0xFF == ord('q'):
        break
# 释放资源
cap.release()
cv2.destroyAllWindows()
```

2. 写入视频

```
# 打开视频文件
cap = cv2.VideoCapture('input_video.mp4')
# 获取视频参数
fps = int(cap.get(cv2.CAF_PROP_FPS))
width = int(cap.get(cv2.CAP_PROP_FRAME_WIDTH))
height = int(cap.get(cv2.CAP_PROP_FRAME_HEIGHT))
# 创建 VideoWriter 对象
fourcc = cv2.VideoWriter_fourcc(*'XVID')
out = cv2.VideoWriter('output_video.avi', fourcc, fps, (width, height))
# 处理视频帧 while True:
    ret, frame = cap.read()
    if not ret:
        break
    # 在这里可以进行图像处理，如灰度化、边缘检测等
    frame = cv2.cvtColor(frame, cv2.COLOR_BGR2GRAY)
    # 写入视频帧
    out.write(frame)
# 释放资源
cap.release()
out.release()
cv2.destroyAllWindows()
```

3. 实时处理视频

```
# 打开摄像头
cap = cv2.VideoCapture(0)
# 实时处理视频流
while True:
    ret, frame = cap.read()
    # 在这里可以进行图像处理，或者进行人脸检测、特征跟踪等
    # 下一节将介绍 OpenCV 的人脸检测和识别接口
    # 显示实时视频
    cv2.imshow('Real-Time Video', frame)
    # 按 'q' 键退出循环
    if cv2.waitKey(25) & 0xFF == ord('q'):
        break
# 释放资源
cap.release()
cv2.destroyAllWindows()
```

如果运行实时处理视频代码时，发生无法开启摄像头的错误，请检查摄像头是否禁用，摄像头驱动是否正常。图 3-10 所示为 OpenCV 打开笔记本电脑摄像头拍摄并实时处理视频的效果。

图 3-10　OpenCV 打开笔记本电脑摄像头拍摄并实时处理视频的效果

这些代码涵盖了视频的基本读取、显示、写入及实时处理等方面。根据具体需求，可以结合图像处理功能对视频进行更复杂的处理。查阅 OpenCV 官方文档以获取更多详细的信息和代码。

3.4　计算机视觉的应用体验

计算机视觉应用
体验

3.4.1　基于 OpenCV 的人脸识别

◈ 案例描述

开发一个人脸识别项目，能够用摄像头实时检测到人脸，并与人脸库中的人脸图像进行对比，判断当前检测到的人脸的身份。

◈ 案例实现

人脸识别技术通常包含人脸检测、人脸特征点检测、人脸特征提取、人脸特征比对这几个步骤。使用 OpenCV 进行人脸识别，可以到 OpenCV 官方网站，进入相关的菜单进行体验，如图 3-11 所示。

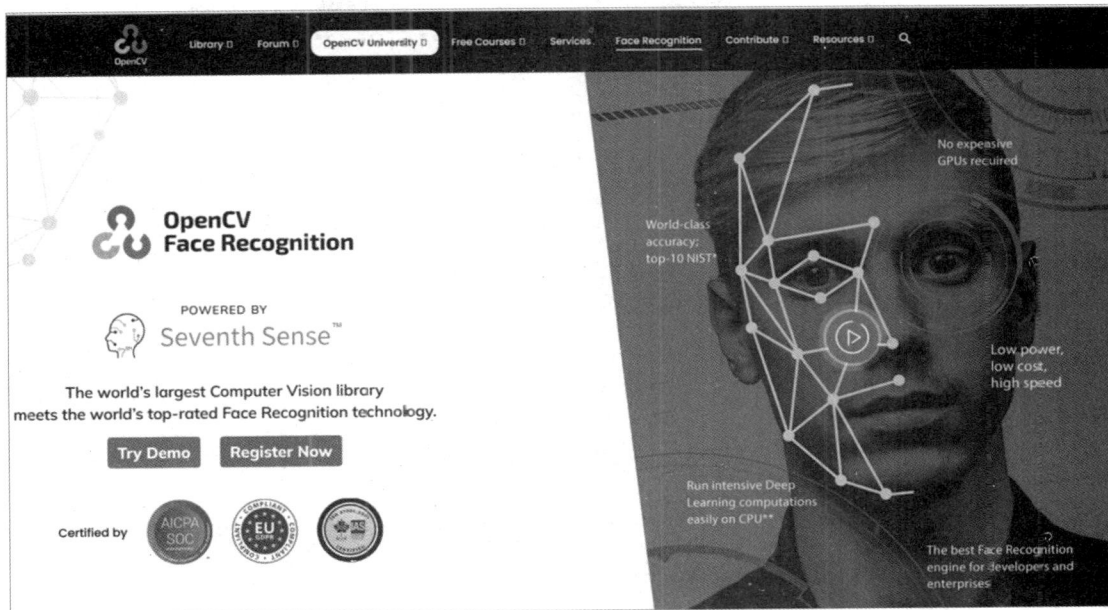

图 3-11　OpenCV 官方网站人脸识别体验界面

当然，要深入理解人脸识别项目的整体流程，可以使用 Python 代码，调用 OpenCV 相关的接口实现。人脸识别的过程通常包括数据采集、数据标注、训练识别器和实时人脸识别步骤。使用 OpenCV 进行人脸识别并包含训练步骤的简单示例如下。

1. 人脸采集和标注

采集包含人脸的图像数据集，并为每个图像标注相应的人物标签。确保数据集具有足够的样本，以提高模型的准确性。

步骤 1-1：启动 Pycharm。

步骤 1-2：创建项目和 Python 文件"人脸采集.py"。在文件中输入如下代码。

```python
import cv2
import os
# 创建人脸数据存储目录
if not os.path.exists('dataset'):
    os.makedirs('dataset')
# 输入用户 ID
user_id = input("Enter user ID: ")
# 打开摄像头
cap = cv2.VideoCapture(0)
# 初始化人脸识别分类器
face_cascade = cv2.CascadeClassifier(cv2.data.haarcascades + 'haarcascade_frontalface_default.xml')
# 设置图像采集参数
```

```
count = 0
max_samples = 100
while count < max_samples:
    ret, frame = cap.read()
    # 将图像转为灰度
    gray = cv2.cvtColor(frame, cv2.COLOR_BGR2GRAY)
    # 检测人脸
    faces = face_cascade.detectMultiScale(gray, scaleFactor=1.3, minNeighbors=5)
    for (x, y, w, h) in faces:
        # 在人脸区域绘制矩形
        cv2.rectangle(frame, (x, y), (x + w, y + h), (255, 0, 0), 2)
        # 保存人脸图像
        face_roi = gray[y:y + h, x:x + w]
        # 生成唯一的文件名
        img_name = f'user_{user_id}_{count}.jpg'
        img_path = os.path.join('dataset', img_name)
        # 保证文件名不会与已有的文件冲突
        while os.path.isfile(img_path):
            count += 1
            img_name = f'user_{user_id}_{count}.jpg'
            img_path = os.path.join('dataset', img_name)
        cv2.imwrite(img_path, face_roi)
        count += 1
    # 显示采集过程
    cv2.imshow('Data Collection', frame)
    if cv2.waitKey(25) & 0xFF == ord('q'):
        break
# 释放资源
cap.release()
cv2.destroyAllWindows()
```

步骤 1-3：运行程序。

运行以上代码，会打开你当前设备的摄像头，准备采集人脸图像。当提示"Enter user ID:"时，输入第一张人脸图像的身份，如"1"，按"Enter"键，程序会采集 100 张第一张人脸图像。重新运行程序，更换另外一张人脸图像，输入第二张人脸的身份，如"2"，程序会采集 100 张第二张人脸图像。采集的人脸图像将用于后续人脸识别模型的训练。代码中的'haarcascade_frontalface_default.xml'是 OpenCV 预置的一个人脸检测模型文件。运行结果如图 3-12 所示。

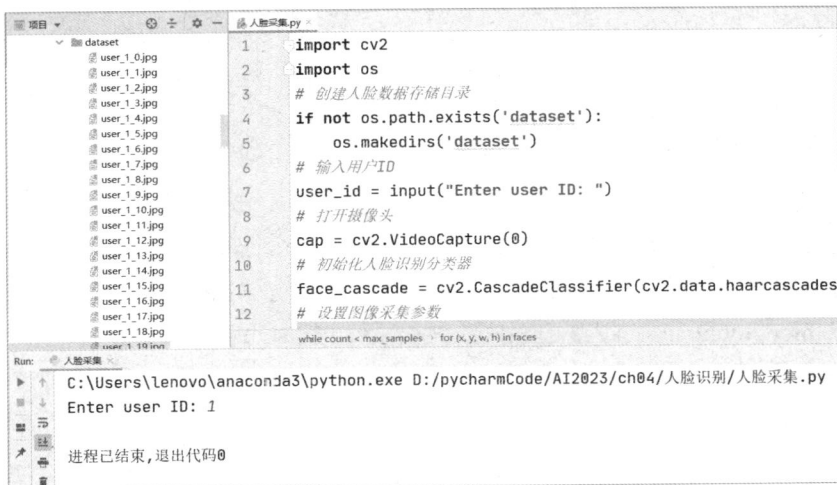

图 3-12　人脸采集和标注运行结果

2．训练人脸识别器

步骤 2-1：创建 Python 文件 "人脸训练.py"，在文件中输入如下代码，使用采集的图像数据集训练人脸识别器。

```python
import cv2
import numpy as np
import os
# Initialize face recognizer
recognizer = cv2.face.LBFHFaceRecognizer_create()
# Read face data and labels
faces = []
labels = []
users = os.listdir('dataset')
for user in users:
    if user.startswith('user_'):
        label = int(user.split('_')[1])
        image_paths = [os.path.join('dataset', img) for img in os.listdir
('dataset')]
        for image_path in image_paths:
            face = cv2.imread(image_path, cv2.IMREAD_GRAYSCALE)
            # Resize the face to a common size (e.g., 100x100 pixels)
            face = cv2.resize(face, (100, 100))
            faces.append(face)
            labels.append(label)
# Convert to NumPy arrays
faces = np.array(faces)
labels = np.array(labels)
```

```
# Train the recognizer
recognizer.train(faces, labels)
# Save the trained model
recognizer.save('data/trained_model.yml')
```

步骤2-2：运行程序。

以上代码需要训练采集的人脸图像，因此代码需要运行较长时间，采集的人脸图像越多，代码运行的时间越长。代码运行完成后，你可以在当前代码同目录内得到训练的模型文件 trained_model.yml。训练人脸识别器运行结果如图3-13所示。

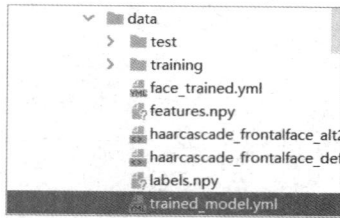

图 3-13　训练人脸识别器运行结果

OpenCV 提供了 face.LBPHFaceRecognizer_create()作为人脸识别器。值得注意的是，face 模块属于 opencv-contrib 库，所以，如果运行代码报错，提示 cv2 中没有 face 模块，则说明当前环境未安装 opencv-contrib 库，需要先运行以下命令进行安装。

```
pip install opencv-contrib-python -i https://pypi.tuna.tsing***.edu.cn/simple
```

3. 实时人脸识别

步骤3-1：创建 Python 文件"人脸识别.py"，在文件中输入如下代码，使用训练好的模型进行实时人脸识别。

```
import cv2
# 初始化人脸识别器
recognizer = cv2.face.LBPHFaceRecognizer_create()
recognizer.read('trained_model.yml')
# 打开摄像头
cap = cv2.VideoCapture(0)
while True:
    ret, frame = cap.read()
    # 将图像转为灰度
    gray = cv2.cvtColor(frame, cv2.COLOR_BGR2GRAY)
    # 识别人脸
    label, confidence = recognizer.predict(gray)
    # 在这里根据识别结果执行相应操作，如显示用户名或执行其他逻辑
    if confidence < 100:
```

```
        label_text = f"Person {label}"
    else:
        label_text = "Unknown"
    cv2.putText(frame, label_text, (10, 30), cv2.FONT_HERSHEY_SIMPLEX, 1,
(0, 255, 0), 2)
    cv2.imshow('Real-Time Face Recognition', frame)
    # 按 'q' 键退出循环
    if cv2.waitKey(25) & 0xFF == ord('q'):
        break
cap.release()  # 释放资源
cv2.destroyAllWindows()
```

步骤 3-2：运行程序。

以上代码会打开摄像头，检测出现在摄像头中的人脸，并与先前采集的人脸图像进行比对，如果是"1"号身份的人脸入镜，那么会显示"Person 1"，如果是"2"号身份的人脸入镜，那么会显示"Person 2"。如果入镜的人脸先前未进行图像采集，那么会显示"Unknown"。

上述是一个简单的示例，用于演示人脸识别的基本步骤。在实际应用中，可能需要更多的优化和安全性考虑。同时，为了提高人脸识别的准确性，可以考虑使用更先进的深度学习算法，如使用基于卷积神经网络的人脸识别模型。

3.4.2　基于百度 EasyDL OCR 平台的车牌识别

◉ 案例描述

车牌识别是一种基于计算机视觉和图像处理的智能交通监控手段，其基本技术可以分为两个主要阶段：车牌检测和车牌识别。

车牌检测的目标是从整张图像中准确检测出车牌的位置和大小。其技术手段是使用图像处理和计算机视觉算法，如卷积神经网络等，对输入图像进行分析，以找到可能包含车牌的区域。车牌检测旨在有效地定位并标定图像中的车牌区域，为后续车牌识别提供准确的输入。

车牌识别的目标是对车牌进行自动识别，获取车牌号码。其技术步骤包括字符分割和字符识别。字符分割是指对车牌图像中的字符进行分割，将每个字符独立出来，为后续的识别提供清晰的输入。字符识别则是使用 OCR 等技术对每个分割出的字符进行识别，得到车牌号码。车牌识别常用的算法包括基于深度学习的卷积神经网络、循环神经网络等，以及传统的图像处理和模式识别算法。车牌识别技术关注于从字符图像中准确提取数字和字母，确保高精度的车牌信息识别。

在百度 AI 开放平台中搜索"车牌识别"并进入功能演示界面，可以体验车牌识别应用。上传一张自己要检测的车牌图像，识别效果如图 3-14 所示。说明：为保护数据隐私，本章所展示的车牌均为 AI 生成，所生成的车牌号码在现实生活中并不存在。

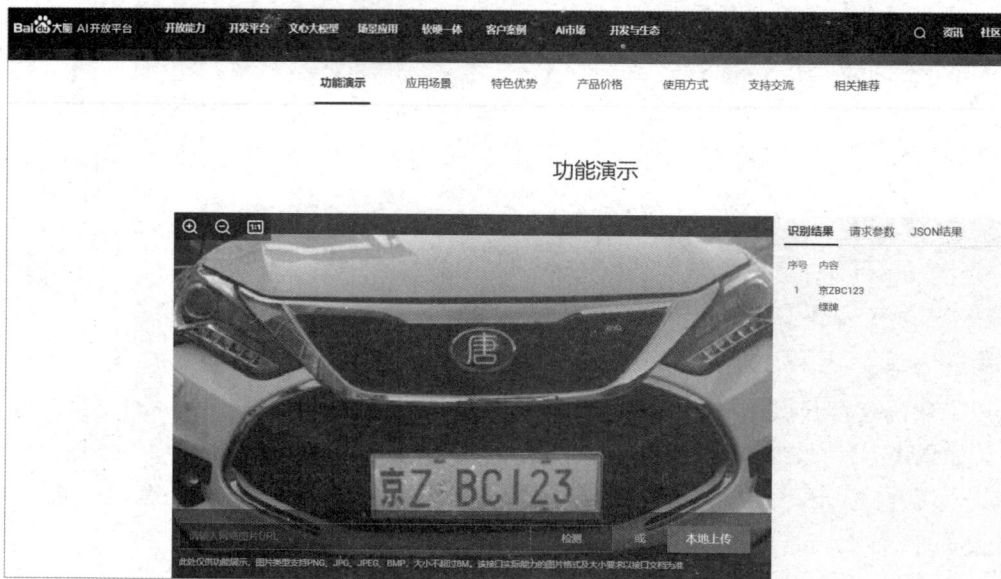

图 3-14　百度 AI 开放平台车牌识别效果

本案例使用 EasyDL OCR 平台，训练一个车牌识别模型，训练完成后，调用模型的接口，输入一张包含车辆和车牌的图像，模型可以自动识别出该车辆的车牌号码。

◉ 案例实现

1. 准备车牌数据集

深度学习项目中使用的数据集按照来源可以分为自建数据集、开源数据集和商用数据集。要想获得车牌数据集，可以自己拍摄现实中的车辆、车牌并整理数据。但是这是一项工作量比较大的任务，并且可能涉及数据隐私问题。因此，在本案例中，我们使用开源数据集。车牌识别是一项很典型的人工智能项目，因此，关于车牌识别的国内外开源数据集较多。这里，我们介绍一下 CCPD 开源车牌数据集。CCPD 由中国科学技术大学团队建立，是一个用于车牌识别的大型国内停车场车牌数据集。

CCPD 开源车牌数据集主要分为 CCPD2019 数据集和 CCPD2020（CCPD-Green）数据集。CCPD2019 数据集的车牌类型仅有普通车牌（蓝色车牌），CCPD2020 数据集的车牌类型仅有新能源车牌（绿色车牌）。CCPD2019 数据集的图像数量达 25 万，数据大小超过 12GB，而 CCPD2020 数据集比较轻量，数据大小约为 865MB。在本案例中，为了让读者快速完成项目，我们从 CCPD2020 数据集中筛选了 200 张图像，用来完成基于 EasyDL OCR 平台的车牌识别项目。CCPD 开源车牌数据集本身是带有标注信息的，为了完整体验 EasyDL OCR 平台的各项功能，我们不使用数据集自带的标注，而是使用 EasyDL OCR 平台自行标注。

相关数据集可以从本书的配套资源中获取。

2. 创建模型

步骤 2-1：注册并登录百度账号，进入 EasyDL OCR 平台，如图 3-15 所示，单击"在线使用"按钮。

图 3-15　EasyDL OCR 平台

步骤 2-2：打开模型中心页面，如图 3-16 所示。在左侧菜单栏中选择"我的模型"选项，随后单击"创建模型"按钮，也可以直接在左侧菜单栏中选择"创建模型"选项。

图 3-16　模型中心页面

步骤 2-3：进入创建模型页面，如图 3-17 所示，填写模型名称和个人信息，填写完成后单击"创建"按钮。

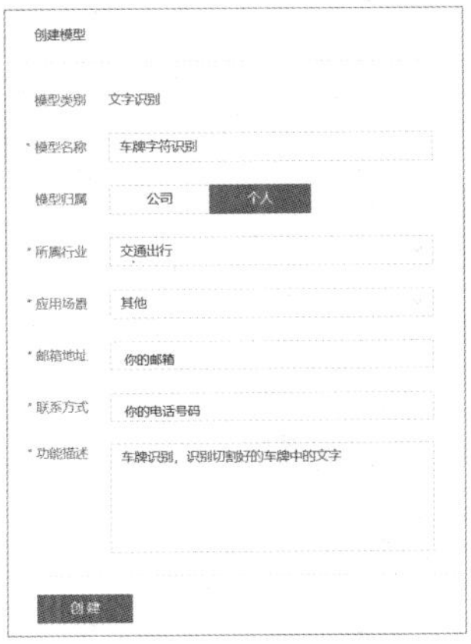

图 3-17　创建模型页面

3．上传并标注数据

步骤 3-1：创建数据集有两种方法，一种是在模型创建成功后，在当前页面单击"创建"按钮，开始创建数据集，如图 3-18 所示。

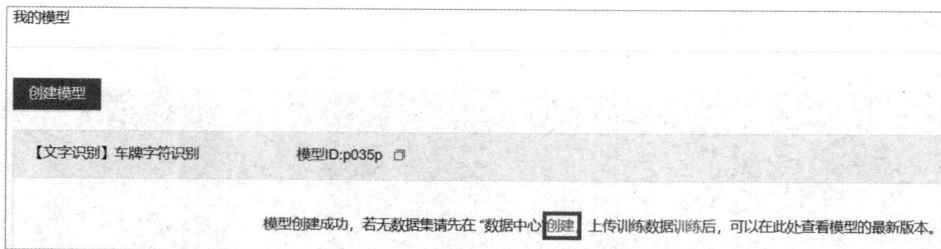

图 3-18　创建数据集 1

另一种是回到主菜单，选择"数据总览"选项，单击"创建数据集"按钮，如图 3-19 所示。

图 3-19　创建数据集 2

步骤 3-2：进入创建数据集页面，填写数据集名称和数据集描述，填写完成后单击"创建"按钮，如图 3-20 所示。

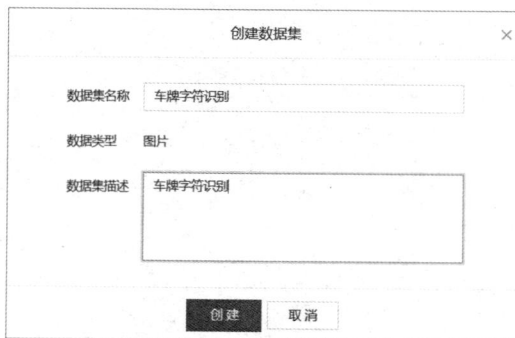

图 3-20　创建数据集页面

步骤 3-3：创建完成之后，可以看到"车牌字符识别"数据集的一些信息，包括数据集

ID、导入数据量、最近导入状态、标注进度等。单击"导入"按钮，开始导入图片，如图 3-21 所示。

图 3-21　导入图片

步骤 3-4：进入导入图片页面，设置"数据标注状态"为"未标注图片"，"数据形式"为"压缩包"，单击"上传压缩包"按钮，选择我们提前准备的车牌图像压缩包的路径（注意，压缩包需要是 zip 格式），如图 3-22 所示。

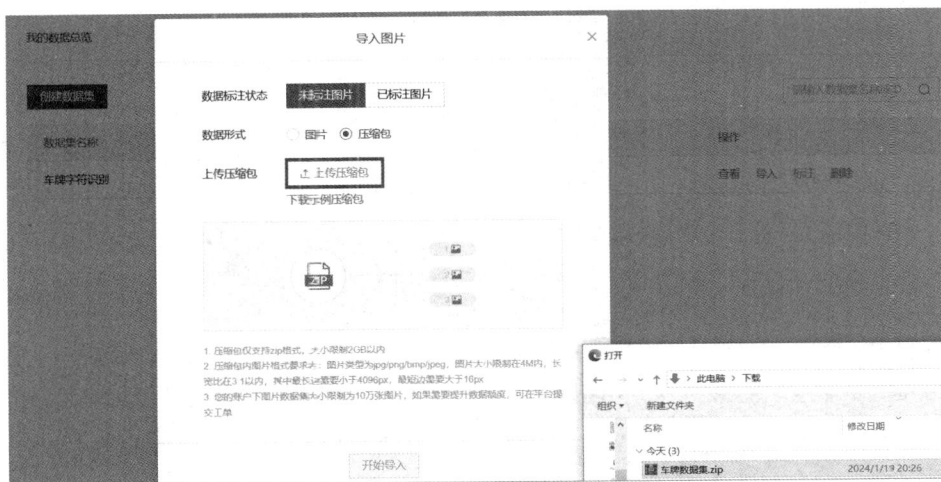

图 3-22　导入图片页面

步骤 3-5：等待上传，如图 3-23 所示。

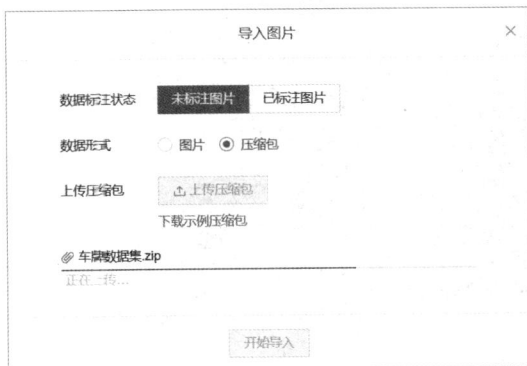

图 3-23　等待上传

步骤 3-6：上传完成后，单击"开始导入"按钮，如图 3-24 所示。

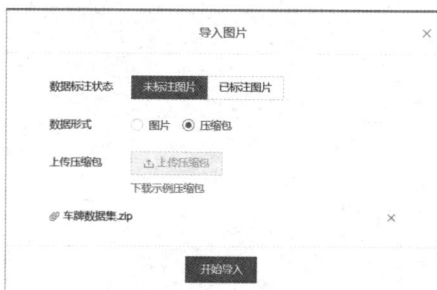

图 3-24　开始导入

步骤 3-7：导入中的状态如图 3-25 所示，请耐心等待。

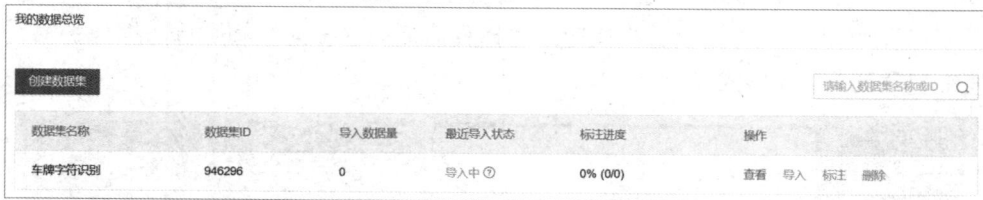

图 3-25　导入中的状态

步骤 3-8：导入完成后，单击"查看"按钮，可以浏览数据按钮；单击"标注"按钮，如图 3-26 所示，可以进入数据标注页面。

图 3-26　数据总览页面

步骤 3-9：数据标注。进入数据标注页面，如图 3-27 所示，单击"添加字段"按钮。

图 3-27　数据标注页面

步骤 3-10：在"字段名称"中填写"车牌"，填写完成后单击"确定"按钮，如图 3-28 所示。

图 3-28　填写字段名称

步骤 3-11：在页面右侧勾选"key 值为空"复选框，如图 3-29 所示，单击"Value"框，随后到左侧图片处，框选车牌的区域。

图 3-29　Key 和 Value 的使用

步骤 3-12：框选完成后，"Value"框中会出现百度 OCR 自动标注结果，如果文字内容是正确的，则可以单击"保存并下一张"按钮，如图 3-30 所示。

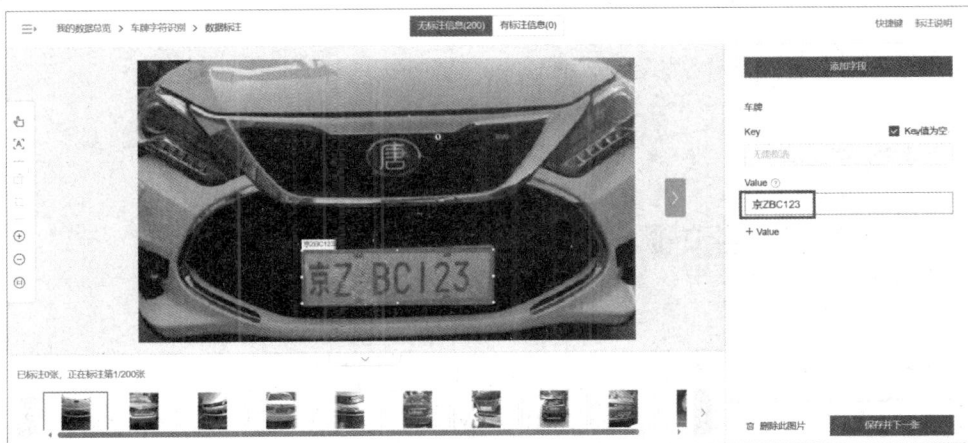

图 3-30　百度 OCR 自动标注结果

步骤 3-13：如果自动标注结果有误，则进行手动更改，之后单击"保存并下一张"按钮。依此类推，直到标注完成所有车牌数据。如果有车牌识别错误，则需要手动修正，如图 3-31 所示。

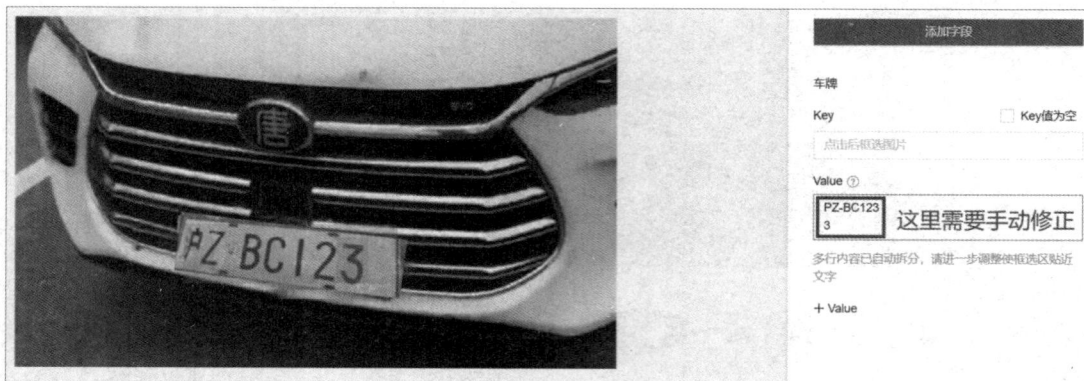

图 3-31　自动标注结果有误

4．训练模型

步骤 4-1：回到主页面，在左侧菜单栏中选择"训练模型"选项，进入训练模型页面，设置"选择模型"为"车牌字符识别"，"训练数据"为"车牌字符识别"，勾选"字段名称"复选框，其他选项使用默认配置即可。完成以上信息选择后，单击"开始训练"按钮，如图 3-32 所示。

图 3-32　训练模型页面

步骤 4-2：弹出框提示是否生成虚拟数据。如果不需要，则单击"继续训练"按钮。在本项目中，我们暂时不使用虚拟数据，如图 3-33 所示。

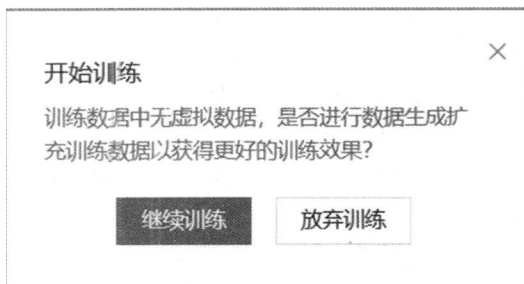

图 3-33 是否生成虚拟数据

如果你想要生成一些扩充的虚拟数据，则单击"放弃训练"按钮。回到主页面，选择"数据总览"选项，随后单击"查看"按钮，进入查看页面，单击"生成虚拟图片"按钮，设置相关的参数，然后查看生成的虚拟数据效果是否满足要求。虚拟数据的使用需要慎重，如果设置的参数不合适，那么可能会生成一些错误的、无效的虚拟数据，如图 3-34 所示。

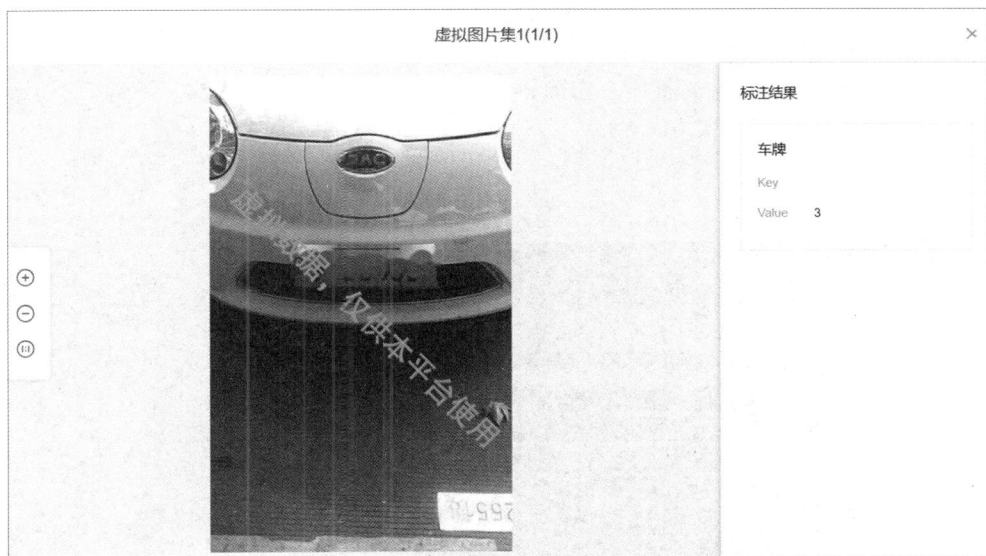

图 3-34 无效的虚拟数据

步骤 4-3：单击"继续训练"按钮之后，可以在我的模型页面中查看训练状态，可以单击"训练状态"下方的问号，查看预估训练完成时间，如图 3-35 所示。

图 3-35 查看预估训练完成时间

步骤 4-4：训练完成后，选择"我的模型"选项，查看准确率、召回率指标是否满足要求。进入校验模型页面，选择"车牌字符识别"模型，等待启动，如图 3-36 所示。

图 3-36　校验模型页面

步骤 4-5：启动完成后，上传测试图片，就可以观察模型检测效果。注意：先前用来训练的数据不要再用来作为测试图片，如图 3-37 所示。

图 3-37　模型校验效果

5．发布并调用模型

步骤 5-1：经过模型校验后，如果感觉效果还可以，则可以发布模型。在主页面左侧的菜单栏中选择"发布模型"选项，模型发布成功后，发送网络请求调用接口，从而进一步开发各种应用程序。"接口地址"和"模型 ID"是后续调用时需要用到的值，如图 3-38 所示。

图 3-38　发布模型页面

步骤 5-2：创建应用。

进入百度智能云文字识别界面，选择"公有云服务"中的"应用列表"选项，单击"创建应用"按钮，勾选"交通场景 OCR"选区中的"车牌识别"复选框，填写带"*"的内容，单击"立即创建"按钮。注意：如果创建不成功，则查看提示的错误类型，如果提示"该名称已被使用"，则修改"应用名称"，如改为"车牌字符识别"，如图 3-39 所示。

图 3-39　创建应用

返回应用列表页面，可以查看创建的应用信息，如图 3-40 所示，"车牌字符识别"应用已经成功创建，并生成了"API Key"和"Secret Key"。API Key 和 Secret Key 对于接口调用非常重要，单击"展开"按钮，可以查看完整的内容，单击"复制"按钮，可以复制 API Key 和 Secret Key 的值。

序号	应用名称	AppID	API Key		Secret Key	
1	车牌字符识别	47672966	tVkmB... 展开 复制		yXGGy... 展开 复制	

图 3-40　查看创建的应用信息

6. API 调用

使用 Python 运行以下代码，可以识别一张图像中的车牌号码。

```python
# encoding:utf-8
import requests
import base64
import matplotlib.pyplot as plt  # plt 用于显示图像
import matplotlib.image as mpimg
plt.rcParams['font.sans-serif'] = ['SimHei']
API_KEY = "将你的 API Key 复制到这里"
SECRET_KEY = "将你的 Secrect Key 复制到这里"
model_id = "将你的模型 ID复制到这里"
image_path = "替换为你的车牌图像路径\car.jpg"
def get_access_token():
    """
    使用 AK、SK 生成鉴权签名（Access Token）
    :return: access_token，或 None(如果错误)
    """
    url = "https://aip.baidu***.com/oauth/2.0/token"
    params = {"grant_type": "client_credentials", "client_id": API_KEY,
    "client_secret": SECRET_KEY}
    return str(requests.post(url, params=params).json().get("access_
token"))

    request_url = "https://aip.baidu***.com/rest/2.0/ai_custom/v1/ocr"
    # 用二进制方式打开图像文件
    f = open(image_path, 'rb')
    img = base64.b64encode(f.read())
    params = {"image": img, "modelId": model_id}
    request_url = request_url + "?access_token=" + get_access_token()
    headers = {'content-type': 'application/x-www-form-urlencoded'}
    response = requests.post(request_url, data=params, headers=headers)
    plate_num =""
    if response:
    print(response.json())
    plate_num = response.json()["result"]["车牌"][0]["word"]
        image = mpimg.imread(image_path)
        plt.imshow(image)  # 显示图像
```

```
plt.text(0, 0, plate_num, fontsize=20, color='green')
plt.axis('off')  # 不显示坐标轴
plt.show()
```

注意：代码中的 API_KEY、SECRET_KEY、model_id、image_path 需要替换为你自己的内容，代码才可以运行。API_KEY、SECRET_KEY 即图 3-40 所示的"API Key""Secret Key"；model_id 即图 3-38 所示的"模型 ID"；image_path 是你的图像地址，如果你的图像存储在 C:\images\car 文件夹中，图像名称是 car.jpg，那么在 Windows 操作系统中，图像路径可以写成 image_path = r"C:\images\car\car.jpg"。

如果成功识别到车牌，那么会有响应（response）返回。要识别的图像如图 3-39 所示，response.json()里的内容如下。

```
{
    'log_id': '4683122985280018432',
    'result': {
        '车牌': [{
            'probability': {
                'average': 0.8942886591,
                'min': 0.8651515841
            },
            'location': {
                'top': 514,
                'left': 183,
                'width': 411,
                'height': 97
            },
            'word': '皖AD15558'
        }]
    }
}
```

使用 Python 代码解析 response.json()['result']['车牌'][0]['word']，可以取出车牌号码，用 Python 图像处理函数，将解析后的车牌号码显示在图像上方，检测效果如图 3-41 所示。

图 3-41　单张图像的车牌检测效果

3.5 本章总结

1．计算机视觉就是一门研究如何使计算机系统具备视觉感知能力的学科。

2．图像分类旨在将输入的图像划分为不同的预定义类别。

3．目标检测旨在从图像或视频中识别和定位图像中的多个目标，并为每个目标分配相应的类别标签。

4．轨迹跟踪的目标是在视频序列中准确地追踪目标对象的运动轨迹。

5．OpenCV 是一个开源的计算机视觉库，使用 pip install opencv-python 命令可以安装 OpenCV 的 Python 接口。

6．车牌识别项目的核心任务是字符识别，使用 EasyDL OCR 平台可以快速完成模型训练。

本章习题

一、选择题

1．计算机视觉的基本任务不包括（　　）。

    A．图像分类   B．图形增强   C．目标检测   D．语义分割

2．特征工程不包括（　　）。

    A．数据采集   B．数据预处理

    C．数据特征可视化   D．数据特征挖掘

3．在深度神经网络中，（　　）可以降低图像特征图的分辨率。

    A．卷积层   B．池化层   C．全连接层   D．非线性激活层

二、简答题

1．请你描述一下计算机视觉的基本概念和典型的计算机视觉应用案例。

2．请介绍几个计算机视觉项目常用的深度学习网络。

3．请尝试使用 OpenCV 给摄像头中检测到的人脸加一个特效。

4．在 3.4.2 节中，我们提供了调用百度 EasyDL OCR 车牌识别接口的代码，该代码可以识别一张图像中的车牌号码。请你运用 OpenCV 的视频处理操作，对代码进行适当修改，使其可以实时检测并识别摄像头中出现的车牌号码。

5．请你使用 OCR 技术，完成一个快递单关键信息自动识别的项目。

第<big>4</big>章

智能语音

- 了解语音识别和语音合成的基本概念、发展历程和典型应用。
- 熟悉语音识别和语音合成的关键技术、系统框架。
- 熟练使用智能语音处理的常用工具。

智能语音技术

4.1 智能语音简介

　　智能语音是实现人机语言通信的一种技术，包括语音识别和语音合成，如图 4-1 所示。语音识别就是让计算机听懂声音，语音合成则是让计算机发出声音。

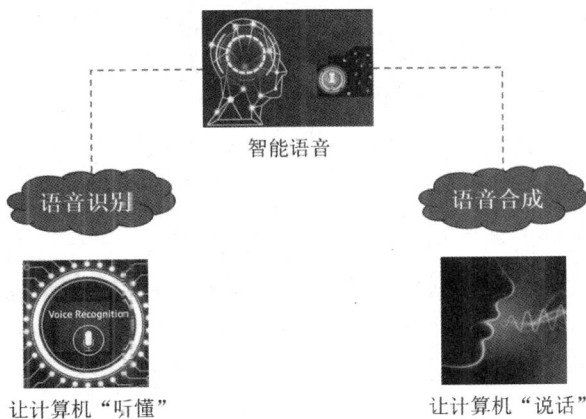

智能语音

语音识别　　　　　　　　　　　语音合成

让计算机"听懂"　　　　　　　　让计算机"说话"

图 4-1　智能语音

语音识别是将声音转换为文本的一种技术，也被称为自动语音识别（Automatic Speech Recognition，ASR）。在人工智能领域，语音识别是让语音识别设备通过识别、学习和理解，将目标声音的内容转换为计算机可读的数据输入的一项高级技术。语音识别是一门复杂的交叉学科，涉及声学、心理学、语言学、概率论、人工智能、信号处理、信息理论、模式识别等。

语音合成（Text to Speech，TTS）是让计算机像人类一样说话，将文本序列转换为语音信号的一种技术，在日常生活中有着广泛的应用。语音合成涉及语言学、语义学、语音学、数字信号处理、模式识别、机器学习、人工智能等领域，是一种跨学科技术。近年来，随着互联网技术的快速发展，语音合成系统的可用性越来越高，语音合成技术的应用市场越来越大，如苹果的 Siri、华为的小艺等智能语音助手，车载导航系统，智能音箱，人物的配音等。

智能语音的研究以语音识别技术为开端，可以追溯到 20 世纪 50 年代。随着信息技术的发展，智能语音已经成为人们获取信息和沟通最便捷、最有效的手段。

4.2　语音识别

4.2.1　语音识别的分类

以人的说话方式为标准，可将语音识别分为孤立字语音识别、连接字语音识别、连续语音识别三类。孤立字语音识别的单元为字、词或短语。所有识别单元构成词典，输入语音仅对应词典中的某一单元。连接字语音识别依赖有限词典，输入语音可以是有限词典中若干单元的连续组合。连续语音识别以识别大量词汇为目标，输入语音是一个完整的句子。连续语音识别系统不用完全准确地识别句子中的每个单词，但需要理解句子的含义。

根据对特定说话人的依赖程度，语音识别可分为特定说话人语音识别、非特定说话人语音识别两类。特定说话人语音识别的模型仅适用于特定的某个人，其他人使用时需要重新搭建模型。非特定说话人语音识别的模型适用于某一目标群体，即某一范畴的说话人。在这一范畴内的所有说话人均可使用该模型。实用的语音识别系统需要面向非特定说话人才具备推广性。

根据模型所使用的词汇量大小，语音识别可分为有限词汇量语音识别和无限词汇量语音识别两类。有限词汇量语音识别按词典中的字、词或短句的数量划分，又可分为小词汇量（几十个词）、中词汇量（几百个到几千个词）、大词汇量（几千个到几万个词）。需要注意的是，这里所谓的词汇量大小是相对的，随着计算机与数字信号处理器运算能力及语音识别系统精度的提高，语音识别系统根据词汇量大小进行分类也在不断变化。目前是中词汇量的语音识别系统，将来可能就是小词汇量的语音识别系统。而无限词汇量语音识别系统同样是一个相对的概念，以汉语语音识别为例，当识别的音节为汉语中对应所有汉字的可读音节时，称为全音节语音识别。全音节语音识别是实现无限词汇量语音识别的基础。

4.2.2　语音识别的发展历程

语音识别的发展历程可分成三大阶段。第一阶段是起步阶段，以识别孤立字的发音为主要研究内容，是语音识别的初级阶段。第二阶段为快速发展阶段，语音识别系统的功能从简单的特定说话人识别发展到非特定说话人识别，从小词汇量孤立字语音识别发展到大词汇量连续字语音识别，识别准确率显著提升，性能日趋成熟。第三阶段为成熟及广泛应用阶段。随着大数据时代的到来及深度学习的快速发展，大词汇量语音识别的性能快速发展。特别是 21 世纪的第 2 个十年，语音识别技术走上了实用化和产业化的道路，如手机、个人计算机、智能家居的终端设备全面融入了语音识别技术，给日常生活带来了极大的便利。

学术界普遍认为语音识别技术起步于 20 世纪 50 年代。1952 年，Bell 实验室研发了首个孤立字语音识别系统——Audrey，它可以识别数字 1 到 10 的英文发音。其工作原理是提取数字发音中的共振峰信息，在识别时通过简单的模板匹配进行特定说话人的鼓励数字识别。1956 年，RAC（Radio Corporation of America）实验室的 Olson 和 Belar 等人利用模拟带通滤波器组获得了元音部分的频谱，用模板匹配完成了针对特定说话人的 10 个单音节的识别系统。1959 年，伦敦大学的 Fry 和 Denes 等人基于统计学原理，采用音素序列的统计信息提升了多音素词的识别率，构建了一个可以辨别 4 个元音和 9 个辅音的音素识别器，这是一个开创性的尝试。同年，麻省理工学院的林肯实验室第一次实现了非特定说话人的 10 个元音的识别器。

我国在语音识别方面起步也较早，1958 年，中国科学院声学所的研究人员利用电子管搭建了一个能识别 10 个元音的实验识别系统。这一时期，语音识别技术主要采用单一模式匹配方式，通过测试语句与内存中的样本模式匹配方式实现有限词汇量的识别能力，识别系统并不能理解词汇。

20 世纪 60 年代，语音识别技术的若干重要概念和理论被提出，为之后语音识别技术的快速发展奠定了基础。RAC 实验室提出并实现了一种时间规整机制，可以有效缓解因语音时长不统一导致的打分问题。苏联的 Vintsyuk 提出了动态规划（Dynamic Programming，DP）算法，实现了动态时间归整（Dynamic Time Warping，DTW）。DTW 将两个不等长语音序列的时序对齐，从而可对这两段语音进行相似度对比。该方法在当时取得了巨大的成功，成为这一时期的主流技术。卡内基梅隆大学的研究人员提出了音素动态跟踪，在连续语音识别任务中起到了开创性的作用。动态规划算法、时间规划算法、音素动态跟踪这三项技术对语音识别、语音合成、语音分析、语音编码的研究与发展产生了深远的影响。在语音识别产品方面，IBM 公司于 1961 年发明了第一台可以用语音进行简单数学计算的机器——Shoebox，可辨别 16 个单词及数字 1 到 9，如图 4-2 所示。

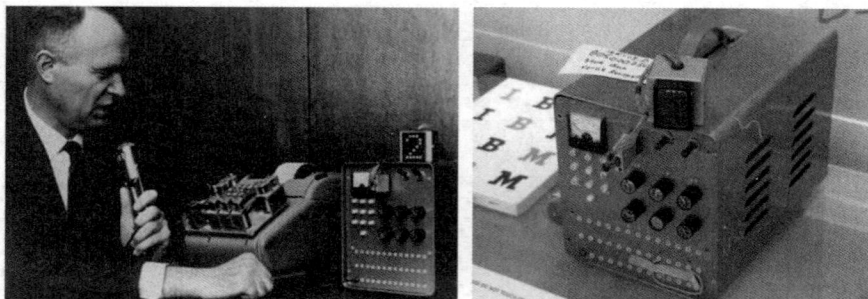

图 4-2 IBM 公司的 Shoebox

20 世纪 70 年代，语音识别技术的主要研究领域集中在小词汇量、孤立字的识别方面。苏联的 Velichko、Zagoruyko 和美国的 Itakura 分别把模式识别的思想和线性预测编码（Linear Predictive Coding，LPC）技术引入语音识别，通过定义基于 LPC 频谱参数的合适的距离测度，提升识别准确率。日本的 Sakoe 优化了动态规划算法进行语音识别的途径，将其更好地应用到语音识别领域。这些技术的成功使孤立字语音识别的框架趋于完善，并且到了实用化的阶段。

同一时期，随着孤立字语音识别逐渐成熟，语音识别技术的研究重点逐步转向更具实用性、难度更高的大词汇量连续字语音识别领域。其中有代表性和开创性的是 IBM 公司、Bell 实验室的大词汇量连续字语音识别（Large Vocabulary Continuous Speech Recognition，LVCSR）系统。该系统采用统计模型技术，即通过统计模型来构建语音识别系统。语音识别从模式匹配技术转向统计模型技术，更多地追求从整体统计的角度来建立最佳的语音识别系统。1971—1976 年，美国国防部远景研究计划局（Defense Advanced Research Projects Agency，DARPA）资助了一项为期五年的计划，旨在支持语音理解方面的研究与技术开发。在其推动下，一些应用价值较高的语音识别系统被发明。例如，卡内基梅隆大学的 Harpy 系统能实现 1011 个单词的识别，达到当时的技术领先水平。20 世纪 70 年代末期，Linda、Buzo、Gray 等人解决了矢量量化码本生成的方法，并将矢量量化成功地应用到语音编码中，从此矢量量化技术很快被推广应用到其他领域。

20 世纪 80 年代，语音识别技术的发展取得了突破性进展，从模型匹配技术转移到统计模型技术。在此之前，语音识别任务一直被视为模式识别问题。此后，统计建模的语音识别架构成为主流，并一直沿用至今。在统计模型研究领域，基于隐马尔可夫模型（Hidden Markov Model，HMM）的声学模型（Acoustic Model，AM）和基于 N-gram 的统计语言模型（Language Model，LM）成为重点研究对象。随着统计语言模型的出现，HMM 和 LM 把连续字语音识别系统的准确性提升到了新的高度，至今仍被超过半数的语音识别系统采用。卡内基梅隆大学的李开复博士成功实现了世界上第一个基于 HMM 的针对非特定说话人、大词汇量连续字语音识别系统——SPHINX。该系统采用 HMM 对语音状态的时序进行建模，采用高斯混合模型（Gaussian Mixture Model，GMM）构建语音状态的观察序列。这种 GMM-HMM 的架构一经提出就在实际应用中显示出巨大优势，被迅速推广，成为经典的语音识别架构，主导了之后 20 年的技术发展。

在这一时期，研究人员开始使用神经网络进行语音识别任务的尝试，但受限于当时理论、技术、计算机硬件等条件，神经网络在语音识别上的有效性并未得到充分证明和展示。同一时期，我国高科技发展计划（863 计划）启动，语音识别作为智能计算机系统研究的一个重要组成部分而被专门列为课题，自此国内的语音识别技术进入了高速发展阶段。

20 世纪 90 年代，语音识别技术进入成熟阶段。基于 GMM-HMM 的语音识别架构得到了广泛应用，理论也趋于完善。AM 的区分性训练（Discriminative Training，DT）准则被用于提升语音识别系统性能，如最大互信息（Maximum Mutual Information，MMI）和最小分类错误（Minimum Classification Error，MCE）准则。进一步地，为解决 HMM 参数自适应的问题，基于最大后验概率估计（Maximum A Posteriori，MAP）和最大似然线性回归（Maximum Likelihood Linear Regression，MLLR）技术被提出。这一时期出现了具有代表性的语音识别产品，如英国剑桥大学开发的开源工具包 HTK（Hidden Markov Tool Kit）为语音识别领域的从业人员提供了一套完备的软件工具，极大地降低了语音识别乃至整个语音领域的入门门槛，有效地促进了语音识别技术的应用普及。

进入 21 世纪后，基于 GMM-HMM 的语音识别架构已经成熟，识别准确率超过了 80%，但是大词汇量连续字语音识别系统尚不能满足实际应用的要求，语音识别技术进入瓶颈期。由于 GPU 的出现和高速发展，深度学习理论首次被成功应用于机器学习领域。2006 年，多伦多大学的 Hinton 教授在其著名论文 *A fast learning algorithm for deep belief nets* 中引入了深度学习的概念，提出了深度置信网络，使深度神经网络（Deep Neural Network，DNN）的训练变得容易，迎来了深度学习的飞速发展。2009 年，Hinton 团队将 DNN 用于语音识别系统 AM 建模，并在 TIMIT 数据集上取得了当时的最好成绩。2012 年，微软研究团队进一步将 DNN 用于大词汇量连续字语音识别任务，采用 DNN 对各种状态进行建模，打破了基于 GMM-HMM 的语音识别架构，从此语音识别进入 DNN-HMM 时代，同时标志着深度学习成为语音识别的核心技术，语音识别系统的性能也得到了显著提升，实用化程度越来越高。

2010 年以后，深度学习的语音识别技术成为主流。卷积神经网络被广泛应用于特征提取，并在语音识别领域获得了巨大成功。卷积神经网络可以保持输入信号的平移不变性，适合语音识别。进一步地，用卷积神经网络提取声谱图的时频特征，用于语音识别的方法被提出。例如，用卷积神经网络提取声音特征信息，进行语音情感识别。卷积神经网络对声谱图的二维图像特征进行提取，用于自动语音识别，在低信噪比的情况下仍显示出良好的分类效果。但是语音识别不仅要寻找表现语音的参数特征，还要寻找时域上的前后关联特征，卷积神经网络难以充分提取其中的信息。为解决这一问题，循环神经网络被引入。循环神经网络的输出不仅取决于当前输入，还融合了过去的信息，能够表达信息的时域相关性，可用于提取语音时序特征。然而，其最突出的问题是梯度消失或爆炸。为解决这一问题，长短期记忆网络被引入，其能够根据语音信息长期的依赖关系，进行时间序列建模，在预测和分类任务中显示出比传统循环神经网络更好的效果。但是，长短期记忆网络仅能够保存过去的信息，无法预测未来的信息。双向长短期记忆（Bi-directional Long Short-Term Memory，BLSTM）网络利用前向和后向网络，可分别提取未来和过去的信息。通常将一段语音分为若干帧，提取每帧的基频、信噪比、能量、过零率、MFCC 等底层特征，作为 BLSTM 网络的输入。利用 BLSTM 网络可以学习短时帧级声学特征，在语音情感识别方面获得了较高的精度。鉴于卷积神经网络和 BLSTM 网络各自的特点，先用卷积神经网络提取声谱图特征，再用 BLSTM 网络进行时序建模，最后进行语音检测。

近十几年，语音识别产品呈爆发式增长，几乎融入日常生活的各个方面。2011 年年初，微软的 DNN 模型在语音搜索任务上获得了成功。同年，科大讯飞将 DNN 首次成功应用到中文语音识别领域，并通过语音云平台提供给广大开发者使用。2011 年 10 月，苹果 iPhone 4S 发布，个人手机助理 Siri 诞生，人机交互翻开新篇章。2012 年，科大讯飞在语音合成领域首创 RBM 技术。2013 年，谷歌发布 Google Glass，苹果也加大了对 iWatch 的研发投入，穿戴式语音交互设备成为新热点。2016 年，科大讯飞深度全序列卷积神经网络（Deep Fully Convolutional Neural Network，DFCNN）语音识别系统上线，搜狗、百度等公司的语音识别准确率均达到 97%。2017 年，微软通过改进微软语音识别系统中基于神经网络的听觉和语言模型，以超过专业速记员的正确率，成为行业的新里程碑。2017 年 12 月，谷歌发布全新端到端语音识别系统，词错率进一步降低。2022 年 11 月，OpenAI 公司推出的 ChatGPT 成为语音识别发展的新里程碑，标志着目前人工智能在语音识别领域的最高成果，语音识别技术向着语音情感分析、高级语义分析方向发展，开辟了新的纪元。

4.2.3　语音识别系统的构成

在语音识别之前，先了解语音信号的产生和人类理解语义的过程，如图 4-3 所示。左边自上而下代表语音的生成过程，右边自下而上代表语音的识别过程。说话人和收听人的沟通基于共同的词汇语义库和语音发音规则，而语音识别等效为将语义的相关信息从语音信号中"解调"的过程。所以，语音识别系统定义为层次模型，如图 4-4 所示，自下而上分为声学层、语音层、语言层。

声学层由物理接口、预处理层和特征提取层组成，完成信号采集、数据预处理、特征提取等主要任务；语音层的主体是音节感知层，其功能是根据音素推理合理音节；语言层由词语识别层、语句识别层和语言应用层组成，最终目的是实现类似人类理解语义的功能。

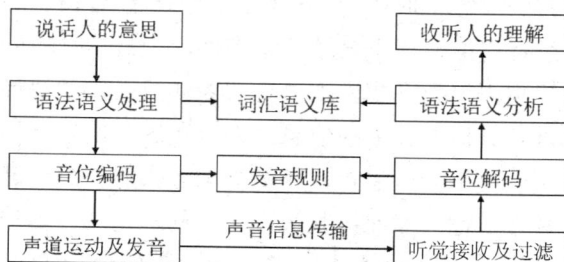

图 4-3　语音通信流程

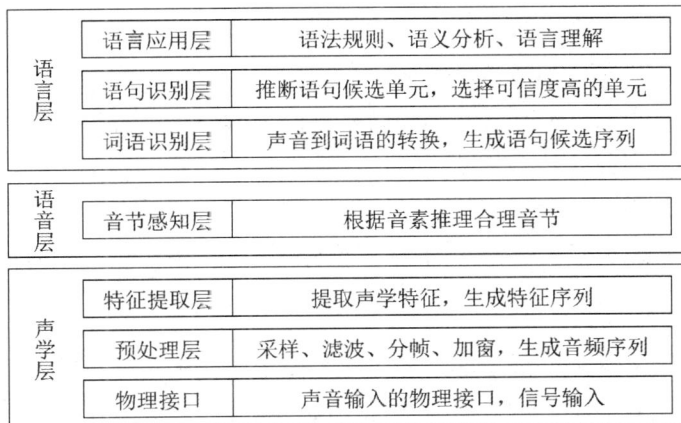

语言层	语言应用层	语法规则、语义分析、语言理解
	语句识别层	推断语句候选单元，选择可信度高的单元
	词语识别层	声音到词语的转换，生成语句候选序列
语音层	音节感知层	根据音素推理合理音节
声学层	特征提取层	提取声学特征，生成特征序列
	预处理层	采样、滤波、分帧、加窗，生成音频序列
	物理接口	声音输入的物理接口，信号输入

图 4-4 语音识别系统

　　实际的语音识别系统不一定包含图 4-4 中的所有层次，只需要某些基本的层次就能够工作。一般地，语音识别系统的层次越多，相应的结构就越复杂，所需的专家知识及成本就越多，实现起来也就越困难。所以，可实际应用的语音识别系统是性能和成本的折中方案。例如，小词汇量、孤立字语音识别系统不存在音节单元、次音节及上层的语句语义层，识别的最终结果是每个词条，因此只涉及整个语音层次模型中的低层。

　　语音识别系统的框图如图 4-5 所示，语音前端处理包含语音激活检测、预处理及声学特征提取模块，后端语音识别包含语言模型、声学模型及解码器等模块。训练数据包含语音和对应的词序列，它们均被用于声学模型和语言模型的训练。其中，声学模型是基于语音和词序列进行建模的，而语言模型是基于词序列进行建模的。语音前端处理所提取的声学特征用于获得声学模型概率和语言模型概率，经过解码器的解码，获得最终的识别结果。

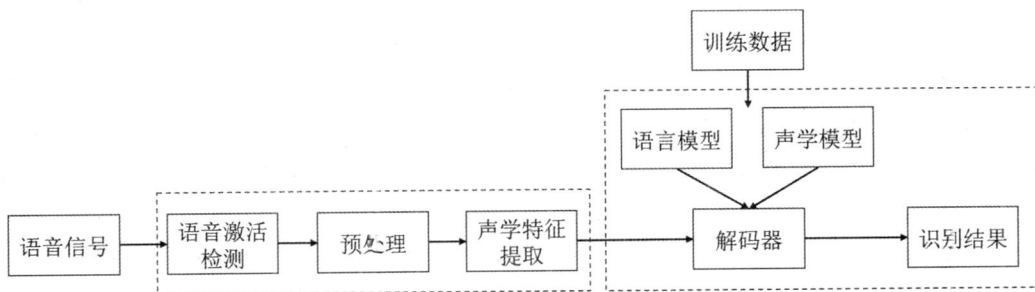

图 4-5 语音识别系统的框图

4.2.4　语音识别预处理技术

1. 滤波和采样

自然采集的语音信号往往存在多种噪声和干扰信号，会影响识别结果，所以在语音识别的开始阶段必须进行滤波。滤波需要采用滤波器，一般可分为高通、低通、带通。以目前的主流声卡为例，一般采用带通滤波器。

现阶段的语音识别技术采用数字信号处理方式，因此需要将模拟信号转换成数字信号，这就需要对语音信号进行采样。采样的重要原则是减少失真，根据奈奎斯特采样定理可知，采样频率不能小于原始信号频谱中最高频率的 2 倍。声音的频率一般集中在某个范围内，通常不会超过 3.5kHz，所以典型的采样频率有 8kHz、10kHz、11.025kHz。

2．分帧和加窗

语音信号具有时变特性，属于非平稳过程。但是在很小的时间段内，信号仍具有一些稳定的特性。因此对语音信号的研究往往建立在"短时"分析的基础上，即把语音信号分成很小的时间段（一般为 10～30ms），每小段称为一帧，把语音信号分成若干帧的过程就称为分帧。为了保持语音信号的连续性，使得各帧之间能够平滑过渡，一般采用交叠分段而不是连续分段的方法，如图 4-6 所示。帧移是指第 m 帧和第 $m+1$ 帧的非重复部分，帧移的大小一般取帧长的 1/3～1/2。

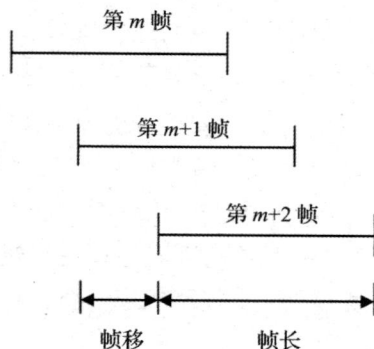

图 4-6　分帧示意图

为了保持信号的短时平稳特性，在分帧的过程中一般要用可移动的有限长度的窗口进行加权处理。具体的做法是将预加权过后的语音信号与一个预先设置的窗口函数相乘，从而得到想要的结果。一般来说，在语音识别系统中有 3 种窗口函数使用较为广泛，分别是矩形窗（Rectangle）、汉明窗（Hamming）、汉宁窗（Hanning）。

矩形窗函数：

$$w(n) = \begin{cases} 1, & 0 \leqslant n \leqslant N-1 \\ 0, & \text{其他} \end{cases}$$

汉明窗函数：

$$w(n) = \begin{cases} 0.54 - 0.14\cos\left[2\pi n /(N-1)\right], & 0 \leqslant n \leqslant N-1 \\ 0, & \text{其他} \end{cases}$$

汉宁窗函数：

$$w(n) = \begin{cases} 0.54 - 0.5\cos\left[2\pi n / (N-1)\right], & 0 \le n \le N-1 \\ 0, & \text{其他} \end{cases}$$

在上述 3 个公式中，N 都代表语音信号的帧长。窗口 $w(n)$ 的选择极为重要，窗口不同使得能量的平均结果也不同，最终会影响短时分析参数的特性。

3. 梅尔谱图

声谱图可以更直观地看到不同语音的能量的时频域分布不同，这是通过声谱图特征进行语音识别的依据。对声谱图的时频域特征进行提取需要基于人对声音的感知，而人的听觉神经对声音的感知是非线性的，对不同频率的敏感度并不相同，其中对低频声音最为敏感。可见，人对声音频率的感知遵循主观定义的非线性尺度而不是线性尺度，即梅尔尺度。如果将原始声音信号进行傅里叶变换，只能得到频率和强度的关系，而失去了时间信息。要想得到频率随时间变化的关系，需要将原始声音信号进行分帧，对每帧做短时傅里叶变换，将得到的结果按时序拼接。

首先对声音信号进行分帧、加窗运算。接着通过傅里叶变换获得声音信号的频谱，并计算出功率谱。最后通过梅尔滤波器组进行滤波，突出频谱的共振峰。梅尔滤波器组是一组等高的三角滤波器，在梅尔尺度上线性分成若干频段，每个滤波器的频率下限都在上一个滤波器的中点处。因为人的听觉感知只聚焦在某些特定的区域而非整个频段，所以梅尔滤波器组模拟了人耳对特定区域感知的临界带宽。当频率较小时，频率变化较快；当频率较大时，频率变化较慢，这与人耳对低频感知灵敏而对高频感知迟钝相对应。一般地，用对数来表征符合人耳听觉特性的音频能量信息，将所求得的对数能量映射到二维时频域，用不同的灰度或颜色表示，最终得到梅尔谱图。

4.2.5 传统的语音识别算法

1. 动态时间规整技术

早期的语音识别理论认为语音识别的本质是模式识别。模式识别以距离测度为基准，传统的语音识别主要是模板匹配，即语音样本的特征参数通过一定的测度，算法与模式库中的模板进行模式匹配。动态时间规整技术采用动态规整算法，并结合时间变换关系，得到特征矢量之间的距离，是语音识别中的一种经典算法。该算法对语音信号进行非均匀转换，使语音特征参数与参考模板特征参数对齐，并在二者之间不断地计算矢量距离最小的匹配路径，以获得两个矢量匹配时累积距离最小的规整函数。通过动态时间规整技术和距离测度的结合，保证了语音的特征参数与参考模板特征参数之间最大的声学相似性和最小的时差失真，成功解决了模式匹配问题中语音信号的随机性问题。动态时间规整技术无须重新计算局部优化问题的计算结果，因而比较容易实现。但是其未能充分利用语音信号的时序特性和动态特征，因此适用于小词汇量、孤立字等相对简单的汉语语音识别系统。

2. GMM-HMM 语音识别模型

HMM 假定一个音素含有若干状态，同一状态的发音相对稳定，不同状态之间可以按一定概率转换，如图 4-7 所示。{1,2,3}为模型状态序列，状态之间可以相互转换，其转换结果由状态转移概率决定。{01,02,03}为模型观测序列。

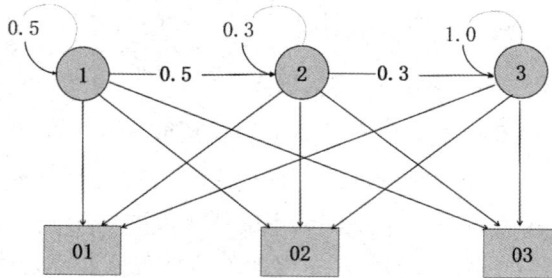

图 4-7 HMM

由于语音信号受情绪、环境影响较大，不同人的音调、音色也存在许多差异，因此同一个词汇存在无数种与之相对应的语音波形。使用观测概率矩阵作为语音特征状态与观测向量之间的对应关系难以实际应用，一般采用 GMM 拟合语音特征观测向量的分布情况。GMM 是一种统计学模型，可以用来表示在总体分布中含有若干子分布的概率模型，表示观测数据在总体中的概率分布，由子分布组成的混合分布，而每个子分布都遵循高斯分布，理论上混合高斯分布可以用于拟合任意分布的样本。在 GMM-HMM 语音识别模型中，HMM 描述的是语音的短时平稳过程，GMM 描述的是 HMM 每种状态的发音特征向量的分布情况，如图 4-8 所示（t 表示时间序列，$1 \sim T$ 表示时间序列索引值）。

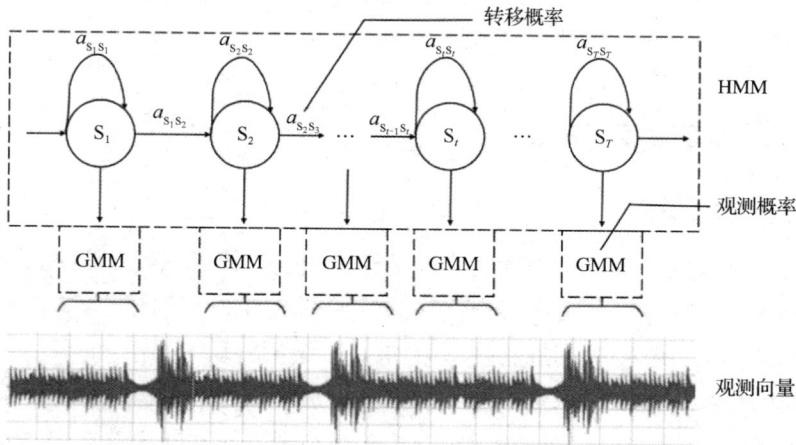

图 4-8 GMM-HMM 语音识别模型

在基于 GMM-HMM 的孤立字模型当中，提取出的特征向量序列为状态序列，而文本信息为观测值。由于在孤立字的 HMM 当中，一段语音信号仅仅对应一个观测值，所以求解最大概率并识别的方式为遍历每个孤立字模型，求解出概率最大的模型对应的词汇。

GMM-HMM 语音识别模型还有多种改进方法，如结合上下文信息的动态贝叶斯方法、区分性训练方法、自适应训练方法、HMM/NN 混合模型。

4.2.6 基于神经网络的语音识别算法

人工神经网络（Artificial Neural Network，ANN）简称神经网络，它是对人脑信息处理方式抽象和模拟而来的数学模型。按照信息传递的方向，神经网络可分为前馈神经网络和反馈神经网络。前馈神经网络的信息传递方向是从输入层到隐藏层，再到输出层。前一层的输出作为下一层的输入，不存在反馈路径，这种网络串联起来可建立多层前馈神经网络。反馈神经网络的结构与全互连结构网络相同，其所有神经元都能够进行信息的处理，而且每个神经元都能够从外界接收信息或向外界发送信息。

1. BP 神经网络

BP 神经网络是一种多层前馈神经网络，如图 4-9 所示，由输入层、隐藏层和输出层组成。输入层输入的是作为网络激励的样本，隐藏层可有多层，层与层之间全连接，并设置权系数。样本作为输入层数据输入到网络后，会一直前向传播通过隐藏层，最终输出到输出层，产生分类结果。网络的权值集中在隐藏层，其作为网络参数，存储了对样本的学习结果或对非线性函数的拟合结果，是网络中需要进行学习训练的部分。

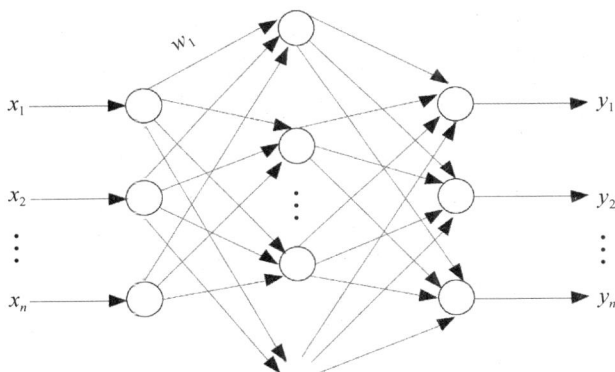

图 4-9 BP 神经网络

BP 神经网络的学习过程是有监督的，由正向传播和反向传播组成。正向传播过程经过输入层、隐藏层到达输出层产生结果，如果结果和期望不同，则会产生对应的误差，如图 4-10 中的 e_{o1}、e_{o2} 所示。得到第一次计算的误差后，转入反向传播过程。误差从输出层开始，反向传递回输入层，并在每层依据对应的误差修改权值，使得误差梯度下降。梯度下降需要每层都有明确的误差才能更新参数，所以可以将输出层的误差反向传播给隐藏层，最终经过反复的正向传播、反向传播、修改权值的过程，使得网络对输入样本产生的误差进行收敛，达到学习的效果。

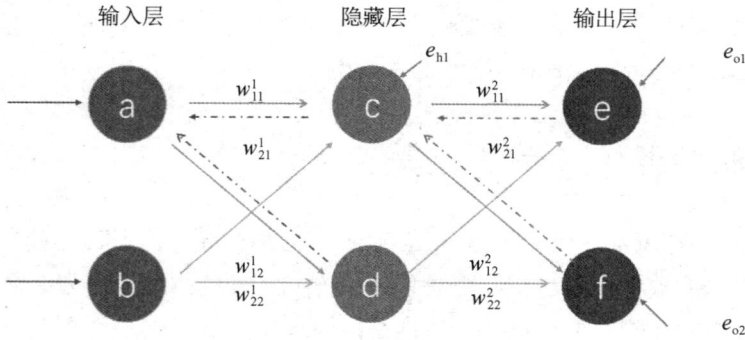

图 4-10　BP 神经网络的学习过程

2．RNN/BRNN 模型

近十年来，基于 RNN-BLSTM 模型的语音识别系统被广泛应用和发展，该模型同时对语音信号的正向和反向信息进行建模，使语音中的每帧都可以得到上下文的相关信息，更接近于人脑的思维过程。

传统的 RNN 模型通过对语音的历史信息进行再利用，使得 RNN 模型具有上下文的记忆能力，这是 RNN 模型和 DNN 模型之间的主要区别。但传统的 RNN 模型不能够利用句子的未来信息（反向信息），而反向信息有助于当前时刻的建模，有助于提升句子的识别准确率。双向循环神经网络（Bidirectional RNN，BRNN）模型先利用两套不同的神经网络连接权重矩阵对时序上的正向和反向信息进行建模，然后利用连接权重矩阵送入相同的输出层。以一层的 BRNN 模型为例，如图 4-11 所示。BRNN 模型通过正向时序计算正向隐藏层激活矢量，通过反向时序计算反向隐藏层激活矢量。最后通过连接权重矩阵计算输出矢量。

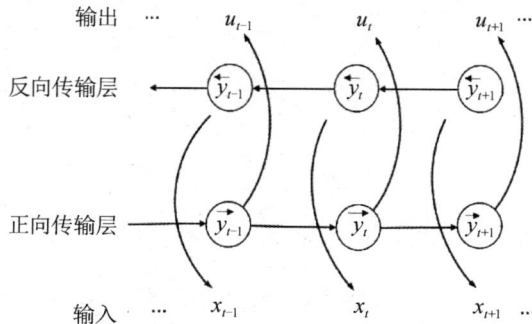

图 4-11　BRNN 模型

3．BLSTM 模型

事实上，RNN 模型和 BRNN 模型都无法较好地对长时信息进行建模，并且很容易出现梯度消失和爆炸等问题。RNN 模型由于梯度消失的原因只能有短期记忆，LSTM 模型通过精妙的门控制将短期记忆与长期记忆结合起来，并且在一定程度上解决了梯度消失问题，可以学习长期依赖信息。LSTM 模型使用 Memory cell 存储信息流，并使用控制单元获得有用的信息，如图 4-12 所示（虚线表示时延连接），其包含 3 个门控制器：输入门、遗忘门、输出门，同时包含 1 个单元输入控制器。输入门和输出门分别控制信息的输入和输出，遗忘门用作状态信息的重置。

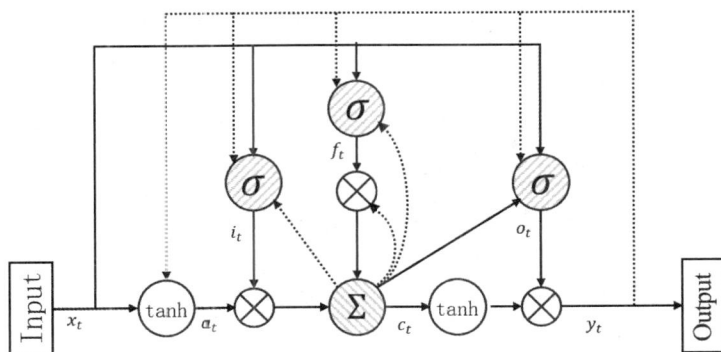

图 4-12　LSTM 模型的 Memory cell

但是 LSTM 模型存在与传统的 RNN 模型同样的问题，即网络是单向的，只能利用正向信息对当前时刻进行建模，而无法利用反向信息。为解决这个问题，BLSTM 模型被提出，其基本结构 Memory cell 同 LSTM 模型的完全相同，改进之处是在同一层使用两套连接权重矩阵分别对正向和反向信息进行建模。BLSTM 模型能够取得远优于 LSTM 模型的性能，如图 4-13 所示。

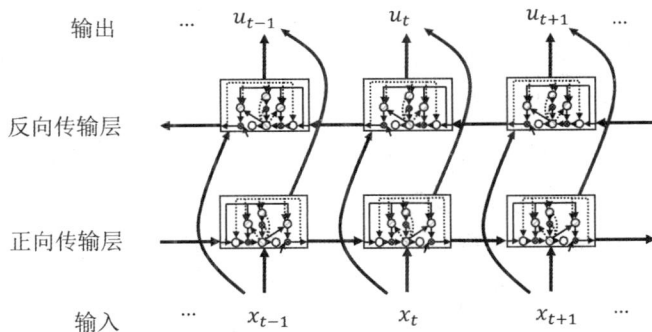

图 4-13　BLSTM 模型

4.3 语音合成

4.3.1 语音合成的分类

语音合成是将文本序列转换为语音信号的技术，是人机语音交互中必不可少的模块。从地图导航、语音助手、小说、新闻阅读、智能音箱、天猫精灵、实时语音翻译，到各种客服、呼叫中心，其至地铁站、公交站都少不了语音合成技术的身影。音素是人的语言发音的一个基本单位，几个音素的读音就构成了整个单词的发音。语音合成技术通过系统特有的智能语音控制器，把提前采集好的真人语音库中细小的音素连接起来，从而实现语音合成。语音合成技术的分类方式有很多，下面分别从声音产生的层次、数字信号的处理方法两个角度进行分类。

1. 根据声音产生的层次进行分类

根据声音产生的不同层次，语音合成技术可以分为三类：从文本序列转换到语音、从概念转换到语音、从意向转换到语音。目前研究的语音合成技术大部分属于从文本序列转换到语音。常见的语音合成方法有波形拼接法、统计参数法，以及近几年迅速发展的基于深度学习的语音合成。

2. 根据数字信号的处理方法进行分类

根据数字信号的不同处理方法，可将语音合成技术分为基于规则的语音合成、基于数据的语音合成、基于统计的语音合成、基于深度学习的语音合成。

1）基于规则的语音合成

基于规则的语音合成通过模拟声学物理过程建立发声模型，如发音合成、共振峰合成。发音合成模拟人类声道的发音过程，需要指定发音动作和对应的发声器官变量。发音合成难以对人类声道进行完全模拟，合成音质欠佳。共振峰合成是基于源和滤波器模型的从文本序列转换到语音，能够反映人类声道特征的能量集中频段，20多个不同的共振峰即可实现人声恢复，但合成音质的自然性不足。

2）基于数据的语音合成

基于数据的语音合成直接对真实语音进行操作，比基于规则的语音合成更接近真人发音。基于数据的语音合成可分为拼接合成和单元选择合成两类，都要预先构建语音数据库。拼接合成将提前构建的音频单元进行串联，从而生成语音。音频单元可分为音素、半音节、单音节、双音节或三音节，单元长度越长，语句连接节点越少，合成效果越自然，但内存占用也越多。单元选择合成需要对相同语音单元不同韵律的数据进行存储，语音数据库比拼接合成的更复杂，占用内存更大。总体上，语音数据库的构建需要巨大的储存空间，原始数据的标记也需要大量人工，因此基于数据的语音合成实用性不足，难以广泛推广。

3）基于统计的语音合成

基于统计的语音合成以 HMM、GMM 为基本框架，通过数据的统计规律合成语音。基于 HMM 的语音合成对上下文相关的频谱和激励参数进行建模，采用最大似然估计，通过激励生成模块和合成滤波器模块产生语音波形。基于 GMM 的语音合成在发音、频谱参数向量及动态参数等的联合概率空间内进行建模，结合最小均方误差或最大似然估计实现音素到语音的映射。基于统计的语音合成不用建立复杂庞大的语音数据库，并且可通过自适应、插值和特征声音对合成语音的特征进行改变，但合成音质距离真人发音还有较大差距。

4）基于深度学习的语音合成

基于深度学习的语音合成由感知机、卷积神经网络、循环神经网络、长短期记忆网络等框架构建，通过在特定的数据集上完成语音合成任务的训练、测试、验证，最终生成可使用的语音合成模型。目前，百度提出的 DeepVoice 系列算法、谷歌提出的 Tacotron 文本到语音合成系统等，在发音方面已经很接近真人发音，并且可以选择不同的发音角色（设置不同的性别、年龄等参数）及情感，达到大规模实用的阶段。

4.3.2 语音合成的发展历程

语音合成技术相当于在机器上安装了一个人工嘴，涉及声学、语言学、数字信号处理、计算机科学等学科，是中文信息处理领域的前沿技术，其主要经历了 5 个发展阶段。

1. 起源阶段

语音合成技术的研究已有两百多年的历史，但真正具有实用意义的近代语音合成技术是随着计算机技术和数字信号处理技术的发展而发展起来的，主要是让计算机产生高清晰度、高自然度的连续语音。早期的语音合成技术基于物理机理，通过模拟人说话发音的机理实现语音合成。一般通过声学共振器等装置模拟人类声带的振动，从而模拟人类发声。声学共振器的形状和大小均与人类的口腔类似，以此来实现模拟的效果。有关该技术较早的记录可追溯到 1779 年，德国科学家 Kratzenstein 首次开发出 5 个长元音的人类声道模型，并于 1791 年加入了舌头和嘴唇模型，可以实现元音和辅音。虽然通过这种方法可以直接实现简单音素的语音合成，但是此方法的后续研究过于困难。其中的一个重要原因是人类的发音机理过于复杂，想要模仿并准确记录发音时人类口舌和牙齿等部位的行为特别困难，为这些物理机理建立模型也太过复杂。随后，语音合成技术陷入了漫长的沉寂期。

2. 电子合成器阶段

20 世纪初期，出现了用电子合成器模拟人声的技术，最具代表性的是 Bell 实验室的达德利于 1939 年推出的电子发声器——VODER，利用电子设备模拟声音的共振。

3. 共振峰合成器阶段

源-滤波器模型是较早提出的一种模型，它将声音信号视为由激励和相应的滤波器组合而成，激励相当于人类声带，滤波器则相当于声道和共振腔。声源激励由两部分组成，周期性的脉冲序列生成浊音信号，白噪声激励生成静音信号。源-滤波器模型合成语音的两种最常用的方法是共振峰合成法和线性预测编码合成法，这两种方法分别使用不同的声道模型。在实际应用中，如果需要合成不同特性的语音，可以通过选择不同的声源激励实现。

20 世纪 80 年代，随着集成电路技术的发展，出现了更复杂的组合电子发生器，1980 年 KLATT 发表的具有代表性的串/并联混合共振峰合成器。

4．单元选择、拼接和合成阶段

随着 PSOLA 方法的提出和计算机能力的发展，单元选择和波形拼接技术逐渐成熟。

20 世纪 80 年代末期，基于波形拼接的语音合成技术被提出。首先构建一个语音数据库，尽可能覆盖一门语言中的所有音素、音节和韵律。语音数据库的内容是与单元音节相对应的语音波形，由原始语音按照音节进行切分得到。合成语音时根据特定的准则选择相应的语音片段，并使用拼接算法将选择出的语音片段在时域上进行拼接，合成最终的语音。基于波形拼接的语音合成技术的原理相对简单，语音数据库中的语音单元都是从原始语音中得到的，保持了原始说话人的音质，发音特点与原始说话人接近。但该技术也存在一些缺点，合成效果依赖语音数据库的大小，拼接点导致字间过渡生硬、不连续。在基于波形拼接的语音合成技术研究初期，受计算机性能及数据不足的限制，波形拼接算法性能较差，难以合成出理想的语音。近年来，随着大数据、人工智能等技术的发展，计算机硬件的进步，存储和计算能力不再是基于波形拼接的语音合成技术的瓶颈，微软、百度等公司的基于波形拼接的语音合成技术系统都基于大型语音数据库，合成音质有了较明显的改善。

20 世纪 90 年代，针对基于波形拼接的语音合成技术的缺点，研究人员提出了统计参数语音合成（Statistical Parametric Speech Synthesis，SPSS）技术。其基本原理是使用统计学模型对文本特征与声学特征之间的关系进行建模，利用训练好的模型预测输出声学特征。统计参数语音合成技术有若干种类，其中基于 HMM 的统计参数语音合成技术较为成熟，使用较普遍。基于 HMM 的统计参数语音合成技术能够合成连续的、可懂度较高的语音。但是该技术也有明显不足，其生成的声学参数精度较低，合成音质依赖声码器的性能，使得合成音质和自然度较差，语音表现力不够。

20 世纪 90 年代末期，刘庆峰博士提出了听觉感知量化的思想，第一次使汉语语音合成技术实用化。

5．基于深度学习的语音合成阶段

近年来，深度学习被用于语音合成领域。基于深度学习的语音合成主要分为两个方向，一个方向是利用深度学习改进传统的基于 HMM 的统计参数语音合成技术，属于早期的方法。这种方法将深度学习作为传统语音合成流程中的一部分来体现，也被称为非端到端的深度学习。2013 年，谷歌的 Zen 等人利用深度神经网络替代上下文相关 HMM 中的决策树聚类模块，改善了原模型无法表达的复杂上下文依赖的问题，预测输出的声学参数精度与合成音质均得到了提升。同年，香港中文大学的 Kang 等人使用深度置信网络对频谱和基频等语音参数直接进行建模，取得了比传统 HMM 保真度更好的效果。2014 年，采用带有双向长短期记忆模块的递归神经网络被引入，用于提取语音的时间相关信息，提升了合成音质和稳定性。

另一个方向是进行端到端的语音合成，其基本原理是将文本序列通过声学特征生成网络，直接生成梅尔频谱等中间表示，使用神经声码器将中间表示转换为时域语音波形。随着大型语音数据集的不断提出、网络结构的不断优化和计算能力的不断提升，更多的研究重点集中到端对端语音合成系统。端对端语音合成系统没有诸如高斯过程的假设，也没有任何关于音频的先验知识，可将其看作量化信号的非线性滤波器。这种系统的优势在于模型输出的结果更接近原始语音，语音的保真度更高。但难点在于模型的结构复杂，设计困难。

目前，基于深度学习的端到端语音合成是研究热点。2016 年，谷歌的 DeepMind 团队提出了 WaveNet，从此端到端语音合成系统迎来了蓬勃发展。WaveNet 使用卷积神经网络构成生成模型，可以生成语音、音乐等，进行多说话人语音合成。

2017 年，百度提出了 DeepVoice 系列算法，其按照传统的语音合成流程用深度学习的方法构建了分离相邻音素的分割模型、字素到音素的变换模型、音素时间长度估计模型、基频预测模型和音频合成模型 5 个基本模块，可以实现实时的文本到语音转换。之后，DeepVoice2 使用了文本到语音的增强技术，可以从不到半个小时的语音数据中学习到针对目标人物的高质量音频合成能力。DeepVoice3 中增加了注意力机制，取得了更加逼真的语音效果。同年，来自印度、加拿大等国的研究人员提出了 Char2Wav 深度学习语音合成系统。该系统由编码器、解码器和声码器组成。编码器部分是一个双向长短期记忆网络；解码器部分主要是一个融合了注意力机制的循环神经网络；声码器部分基于多层循环神经网络，比 WaveNet 的结构更加简单，语音生成更快，但最大的不足在于无法实现语音的实时生成。

谷歌于 2017 年提出的 Tacotron 模型是首个真正意义上的端到端语音合成深度神经网络模型，如图 4-14 所示。与传统语音合成相比，它没有复杂的语音学和声学特征模块，仅用文本序列和语音声谱配对数据集对神经网络进行训练，因此简化了很多流程。Tacotron 模型使用的 Griffin-Lim 声码器是传统声码器的代表，其采用 Griffin-Lim 算法，在已知幅度谱、未知相位谱的情况下，根据帧与帧之间的关系估算出相位谱，最终完成语音信号的合成。Tacotron2 语音合成系统是对 Tacotron 模型的改进，去掉了复杂的后处理网络，并且设计了新的基于位置敏感的注意力机制，提高了文本序列与语音对齐的稳定性，生成的语音更加自然。

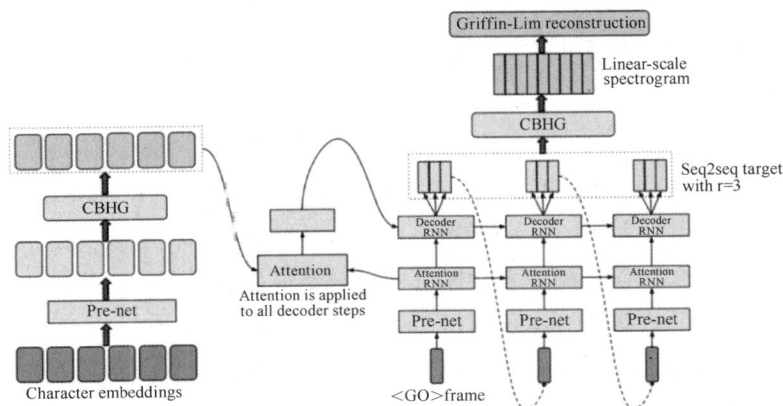

图 4-14　Tacotron 模型

2017 年，谷歌提出了 Transformer 模型，该模型使用自注意力机制，可以并行化训练，而且能够拥有全局信息，在充足的数据集上具有优异的性能。2019 年，Transformer 模型被用于语音合成领域，相对于 Tacotron2 模型，合成音质相当，但该模型的运算速度更快。

2019 年，微软提出了 FastSpeech 语音合成系统。该系统的设计思想主要借鉴了 Transformer 模型，其声学模型部分包括编码器和解码器，而在编码器和解码器中间加入了音素长度调节器来确保文本序列与语音对齐，并控制语音的速度等其他音素；声学模型部分可以并行化训练并产生梅尔频谱；声码器部分使用更加灵活。

目前，基于深度学习的语音合成技术合成的语音在质量上已经远胜于传统的语音合成，并增加了多种角色、多情感设置等需求，引入了风格转换技术，以满足多种定制化的场景需求。

4.3.3　语音合成系统的构成

传统的语音合成系统由文本分析和波形生成两大模块组成，也被称为前端模块和后端模块。图 4-15 所示为语音合成系统的框图。文本分析模块根据语言学、语义学知识分析输入文本，将字符型文本转换为语言学特征，对于中文文本，文本分析模块主要包括文本规范化、分词、字音转换、韵律预测和多音字处理。波形生成模块输入前端生成的文本特征，合成相应的语音波形。

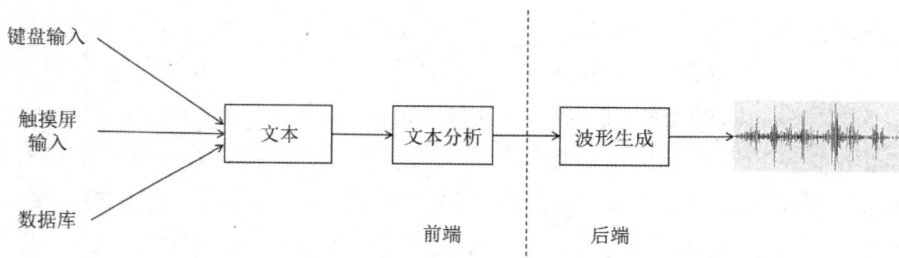

图 4-15　语音合成系统的框图

4.3.4　语音合成的典型方法

1. 波形拼接语音合成法

波形拼接语音合成法于 20 世纪 80 年代末期被提出，如图 4-16 所示。首先构建一个语音数据库，尽可能覆盖一门语言中的所有音素、音节和韵律。语音数据库的内容是与单元音节相对应的语音波形，由原始语音按照音节进行切分得到。在合成时，先从输入文本序列中分析出单元音节与进行单元挑选时所需的韵律信息、声学参数等。然后按照一定的规则，从语音数据库中挑选出一些与目标语音相似的候选合成单元，之后利用贪心算法或动态规划算法，从各个音节对应的候选波形中得到使目标代价最小的最优候选波形。挑选规则包含两个重要的维度：一是候选单元与目标单元声学参数之间的距离；二是相邻单元音节的候选波形拼接之后的频谱变化。将挑选出的各个单元音节对应的最优波形进行波形调整、拼接得到合成语音。

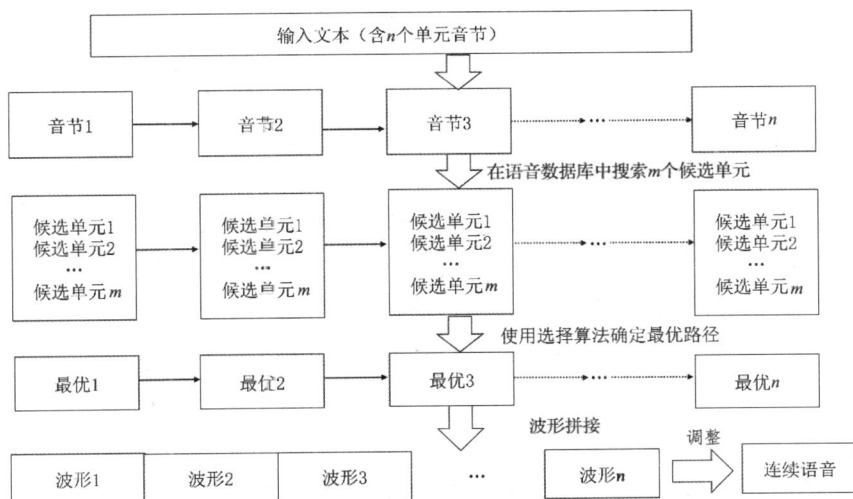

图 4-16　波形拼接语音合成法

波形拼接技术的原理相对简单。图 4-17 所示为波形拼接语音合成法的流程。语料库中的语音单元都是从原始语音中得到的，音质较好，发音特点与原始说话人接近。但该技术也存在一些缺点，如合成效果依赖语料库的大小，拼接点导致字间过渡生硬、不连续。在波形拼接技术研究初期，受计算机性能、波形拼接算法性能等的限制，合成音质较差。

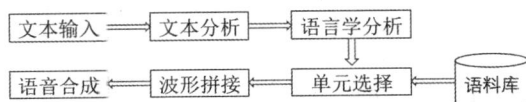

图 4-17　波形拼接语音合成法的流程

为了减小不连续问题的影响，Moulines 等人提出了基于基音同步叠加的波形修整算法（1990 年），解决了拼接时的局部不连续问题，提高了语音的自然度。随着计算机运算能力和存储能力的提高，高质量的语音数据库规模不断扩大，研究人员提出了基于大尺度单元的波形拼接方法和基于小样本的波形拼接方法。其中，大尺度单元意味着候选波形单元的持续时间较长，合成语音具有较少的拼接点，合成语音的自然度和连续性有所提高，但是这种大尺度语音数据库需要有足够多的数据以覆盖合成时所需的单元波形，在制作时会消耗大量的时间和人力，于是出现了基于小样本的波形拼接方法。小样本是指语音数据库中的波形单元持续时间较短，通常为几毫秒至几十毫秒。因此，基于小样本的语音数据库仅需要较小的规模，就可以覆盖合成语音所需的单元波形，但是由于基于小样本的波形拼接方法在拼接时存在大量的拼接点，因此会降低合成语音的连续性和自然度。

总体上，波形拼接语音合成法的合成音质较高，接近原始发音。但是该方法依赖语音数据库的规模和质量，合成语音的风格单一，难以实现定制化语音合成。合成语音的拼接痕迹较明显。

2. 统计参数语音合成法

早在语音合成发展的初期，参数语音合成法就被广泛应用，但受到共振峰参数难以提取的影响，合成音质很难达到预期。20 世纪 90 年代，机器学习与统计学的发展推动了参数语音合成法的进步。研究人员针对波形拼接语音合成法的缺点，提出了统计参数语音合成法，其基本原理是使用统计学模型对文本特征与声学特征之间的关系进行建模，利用训练好的模型预测输出声学特征。基于统计参数的语音合成技术主要分为三步：首先利用合适的特征提取器从文本中提取语言学特征，然后使用统计学模型从文本特征中生成声学特征（基频、时长、频谱等），最后将声学特征通过声码器重建出语音波形。

特征提取器的主要作用是使用自然语言处理技术生成语言学特征，以帮助声学模型生成更为准确的声学特征。声学模型无法直接产生语音波形，其主要原因是语音非常复杂且难以建模，因此声学模型输出声学特征，为了方便，一般使用梅尔频谱等中间表示代替声学特征。声码器的主要作用就是通过复杂度较高的计算，将梅尔频谱等低维特征映射成高维语音波形。声码器的性能对语音合成系统的效率、合成音质都具有重要意义。统计参数语音合成法的流程如图 4-18 所示。

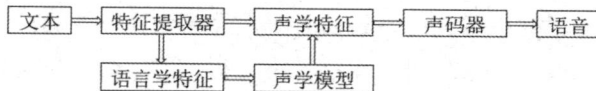

图 4-18　统计参数语音合成法的流程

基于统计参数的语音合成技术具有系统简单、智能化程度高等优点。但仍存在明显不足，需要大量自然语言处理的相关知识，音质较低、缺乏表现力等。

3. 基于深度学习的语音合成法

为了解决波形拼接语音合成法和统计参数语音合成法的弊端，降低语音合成系统的复杂度，深度学习与语音合成技术的结合成为新的发展方向。基于深度学习进行语音合成，尤其是端到端的语音合成系统，直接输入文本或注音字符，输出音频波形，对文本处理的模块达到了极大的简化。特别是在硬件资源方面，GPU 的算力大幅度提升，深度神经网络超大规模的参数计算得以实现。深度学习提取声学特征的效果已经远胜于传统方法，全方位地提高了语音合成系统的性能。

基于深度学习的语音合成系统主要分为两类。一类是将传统的语音合成系统的各个模块分别引入深度学习，将深度学习作为传统语音合成流程中的一部分，也被称为非端到端的深度学习。这种方法行之有效，合成音质远优于传统方法，但是系统的各个模块之间相对独立，对模型的训练、调优带来了极大的挑战。另一类是端到端的语音合成系统，这种系统完全摒弃了复杂的中间环节，只关注文本序列到梅尔频谱等中间表示的映射及中间表示到语音信号的映射。基于深度学习的端到端语音合成是目前的研究热点。

基于深度学习的端到端语音合成系统一般由声学特征生成网络和声码器组成。前者对输入文本进行处理,提取频谱等音频特征。后者将音频特征转换为时域语音波形。端到端的语音合成系统适用于英语等文本和读音相关联的语言,但汉字和其拼音几乎没有关联,所以需要在汉语的声学特征生成网络之前增加一个文本前端处理模块,其功能是为汉语文本添加韵律信息,并且将汉字转换为与发音相关联的拼音或音素序列。

1)声学特征生成网络

2017 年 3 月,百度提出了 Deepvoice 语音合成系统,该系统由文本转音素、音频切分、音素时长预测、基频预测、声学模型 5 部分组成,每部分都使用神经网络实现,是一个完整的语音合成解决方案。Deepvoice 合成语音的速度较快、实时性好,在当时得到了较为广泛的应用。

2017 年 6 月,谷歌提出了一种新型的端到端语音合成模型 Tacotron。Tacotron 模型可提取字符序列的上下文信息,直接预测输出梅尔频谱和线性谱,并使用 Griffin-Lim 声码器将线性谱还原为语音信号,通过一个网络即可实现文本到语音的转换,避免了多个子模块的误差传递。之后,为了简化模型结构,提升合成音质,谷歌的研究人员提出了改进版本的 Tacotron2 模型,在注意力机制中引入位置信息,提高了编/解码信息对齐的稳定性。同时使用 WaveNet 声码器将梅尔频谱转换为语音波形,大幅提高了合成音质和自然度。

但是,Tacotron 模型和 Tacotron2 模型的编/解码器无法实现并行化训练和推断,而且训练模型对算力耗费大,速度慢,实时性差。为解决这些问题,百度提出了全卷积结构的端到端模型 Deepvoice3,其编/解码器均由多层卷积神经网络构成,具有较快的训练和推断速度。同时添加了全卷积结构的转换器模块,用于整合解码器输出,可以更好地结合上下文,生成更自然的声学特征。

之后,微软的研究人员将 Transformer 模型应用到语音合成领域,借助多个注意力头,学习多个权重矩阵,不同时间步的任意两个输入通过自注意力机制直接连接,有效地解决了文本序列远程依赖性的问题。同时,Transformer 模型可并行构造编/解码器,提高了模型训练和推断的速度。

然而,Tacotron2、Deepvoice3 和 Transformer 都是基于注意力机制的自回归型网络模型,当前解码步的输出取决于上下文信息和之前解码步的输出。这种自回归特性使得它们在合成语音时的速度总体上较慢。于是,非自回归型网络模型被提出,实现了并行语音合成,提高了语音合成的速度。百度提出了 ParaNet 模型,该模型采用前馈神经网络,不依赖任何自回归结构和循环神经网络,合成速度比 Deepvoice3 模型提高了近 50 倍,且合成音质相当。之后,微软提出的 Fastspeech 和 Fastspeech2 模型以 Transformer 自回归语音合成模型为基础,采用前馈神经网络为主体结构,去掉了连接编/解码器的注意力模块,增加了音素持续时间预测模块和时长调节器,进一步提高了计算速度,并且合成音质和自然度也有所提升。

2）声码器

声码器是将声学特征转换为语音信号的系统，声码器的好坏也是决定合成音质的关键因素。基于深度神经网络的声码器主要有三类：自回归型网络模型、非自回归型网络模型、基于生成对抗网络的模型。

2016 年，谷歌提出了 WaveNet，使用深度神经网络对原始音频波形进行建模，该模型是完全基于概率的自回归型网络模型。WaveNet 解决了波形序列的长期依赖问题，合成语音更有表达能力，大幅提升了合成音质和自然度，比之前任何传统声码器的效果都要好。但是，自回归型网络模型合成语音的速度非常慢，难以实际应用。

2017 年，谷歌在 WaveNet 的基础上提出了 Parallel WaveNet。该模型引入了一个网络层数少、可以并行合成语音的前馈神经网络，比 WaveNet 的语音合成速度提高了 1000 倍，且合成音质没有显著差异，可以用于实时语音合成。2018 年，谷歌又提出了 WaveRNN，其结构简单，是循环神经网络的一种变体，仅用单层网络即可获得较好的合成音质，网络参数少，显著提高了语音合成的速度，实现了移动设备上的高保真语音合成。

近几年，生成对抗网络在图像生成领域取得了巨大成功和广泛应用，于是生成对抗网络也被用于语音合成，一些基于生成对抗网络的声码器被提出。蒙特利尔大学的研究人员提出了 MelGAN，该模型的计算复杂度较低，可以实现并行化训练和合成。相较于 WaveNet、WaveRNN 等模型，MelGAN 的语音合成速度得到了明显的提高，在单核计算机处理器上的合成速度比实时快 2 倍以上，合成音质和自然度也相当高。之后，为了进一步提高语音合成的速度，MelGAN 的改进版本 Multi-band MelGAN 被提出。其计算复杂度降至 MelGAN 的 1/7 以下，可以实现实时性更高的语音合成，并且可以更好地衡量生成语音和真实语音之间的差异，合成音质也有所提升。

4.4 智能语音的应用体验

4.4.1 文本转换为语音

◆ 案例描述

pyttsx3 是一个 Python 文本到语音转换库，它可以将文本转换为语音并播放出来，支持多种平台和多种合成引擎。pyttsx3 库简单易用，是新手的好选择。通过调用此库，很容易就可以让程序"开口说话"。本案例使用 ppttsx3 库实现以下功能。

（1）播报指定文本，并输出语速和音量。

（2）调整语速和音量，完成趣味问答。

◈ **案例实现**

输入以下代码。

```
# 1.导入库，如果库不存在则需要安装：pip installpyttsx3
import pyttsx3
# 2.初始化语音引擎
engine = pyttsx3.init()
# 3.开始朗读
print('（正在朗读：有志者，事竟成。）')
engine.say('Where there is a will, there is a way. 有志者，事竟成。')
# 4.查看语速、音量等参数
rate = engine.getProperty('rate')
print(f'语速: {rate}')
volume = engine.getProperty('volume')
print(f'音量: {volume}')
# 5.等待语音播报完毕
engine.runAndWait()


# 6.设置语速、音量等参数
print(f'调整语速：100，音量：0.8')
engine.setProperty('rate', 100)
engine.setProperty('vclume', 0.8)


# 7.趣味问答
print('（语音提问：请问 2 的平方等于几？请输入答案：）')
engine.say('请问 2 的平方等于几？请输入答案：')
engine.runAndWait()
ans = input()
if ans == '4':
    print('（语音播报：太棒了，答对了！）')
    engine.say('太棒了，答对了！')
else:
    print('（语音播报：很遗憾，答错了哦...）')
    engine.say('很遗憾，答错了哦...')


engine.runAndWait()
engine.stop()
```

运行代码，如果回答正确，则输出结果如图 4-19 所示。

```
（正在朗读：有志者，事竟成。）
语速：200
音量：1.0
调整语速：100，音量：0.8
（语音提问：请问2的平方等于几？请输入答案：）
4
（语音播报：太棒了，答对了！）

进程已结束,退出代码0
```

图 4-19　回答正确的输出结果

如果回答错误，则输出结果如图 4-20 所示。

```
（正在朗读：有志者，事竟成。）
语速：200
音量：1.0
调整语速：100，音量：0.8
（语音提问：请问2的平方等于几？请输入答案：）
8
（语音播报：很遗憾，答错了哦...）

进程已结束,退出代码0
```

图 4-20　回答错误的输出结果

4.4.2　文本转换为语音文件

◆ 案例描述

SpeechLib 是一个用于语音合成和语音识别的库，它提供了与 Microsoft Speech Platform 的 COM 接口交互的功能，允许将文本转换为语音并保存为本地音频文件。它可以用于游戏、软件、网页等各种应用，支持多种语言，支持 Windows XP、Windows Vista、Windows 7、Windows 8（32 位和 64 位）。SAPI 是微软 Speech API，是微软推出的语音接口。本案例使用 SpeechLib 库实现以下功能。

（1）播报指定文本文件的内容。

（2）将文本文件保存为语音文件 test.wav。

◆ 案例实现

（1）准备文本文件 voice.txt，输入几行内容。

（2）输入以下代码。

```
# 导入库，如果不存在则需要安装：pip install comtypes
from comtypes.client import CreateObject
```

```
engine=CreateObject("SAPI.SpVoice")
stream=CreateObject("SAPI.SpFileStream")
from comtypes.gen import SpeechLib
from win32com.client import Dispatch
# 指定文本文件作为语音输入
infile='voice.txt'
# 指定输出语音文件
outfile='test.wav'
# 打开语音文件，准备写入
stream.Open(outfile,SpeechLib.SSFMCreateForWrite)
engine.AudioOutputStream = stream
# 获取讲话对象，使用 SAPI 播报文本
speaker = Dispatch('SAPI.SpVoice')
with open(infile,'r',encoding='utf-8') as f:
    # 读取一行去掉首尾换行等特殊字符
    theText = f.readline().strip()
    while theText:
        # 语音播报内容
        speaker.Speak(theText)
        # 写入语音文件
        engine.speak(theText)
        # 继续读取文件下一行内容
        theText = f.readline().strip()

stream.close()
# 释放对象
del speaker
```

在此案例中提供了使用 'SAPI 进行语音播报的方式。

```
# 使用 'SAPI 进行语音播报文本示例
# 获取讲话对象
speaker = Dispatch('SAPI.SpVoice')
# 讲话内容
speaker.Speak('Just Be You')
speaker.Speak('做你自己吧')
# 释放对象
del speaker
```

运行代码，如果没有出错，则计算机里同一个目录中会出现转换好的语音文件 test.wav。

此外，也可将语音文件 test.wav 转换为文本。

（1）准备相应的语音文件 yuyin.wav。

（2）安装相应的库。

```
pip3 install SpeechRecognition -i https://mirror.ba***.com/pypi/simple
pip install pocketsphinx -i https://mirror.ba***.com/pypi/simple
```

（3）输入以下代码。

```
import speech_recognition as sr
audio_file = 'yuyin.wav'
r = sr.Recognizer()
with sr.AudioFile(audio_file) as source:
    audio = r.record(source)
try:
    print('文本内容: ',r.recognize_sphinx(audio))
except Exception as e:
    print(e)
```

4.5 本章总结

1．智能语音是实现人机语言通信的一种技术，包括语音识别和语音合成。语音识别就是让计算机听懂声音，语音合成则是让计算机发出声音。

2．语音识别的分类如下。

（1）以人的说话方式进行分类，分为孤立字语音识别、连接字语音识别、连续字语音识别。

（2）以对特定说话人的依赖程度进行分类，分为特定说话人语音识别、非特定说话人语音识别。

（3）以模型所使用的词汇量大小进行分类，分为有限词汇量语音识别和无限词汇量语音识别。

3．语音识别技术起步于 20 世纪 50 年代，到目前经历了起步阶段、快速发展阶段、成熟及广泛应用阶段。

4．传统的语音识别算法有动态时间规整技术、GMM-HMM 语音识别模型等。

5．基于神经网络的语音识别算法有 BP 神经网络、RNN/BRNN 模型、BLSTM 模型等。

6．语音合成的分类如下。

（1）根据声音产生的不同层次，可分为从文本序列转换到语音、从概念转换到语音、从意向转换到语音。

（2）根据数字信号的不同处理方法，可分为基于规则的语音合成、基于数据的语音合成、基于统计的语音合成、基于深度学习的语音合成。

7．语音合成的典型方法有波形拼接语音合成法、统计参数语音合成法、基于深度学习的语音合成方法。

8．语音转换技术可生成具有特定人物语音特征的声音。

<hr>

本章习题

一、选择题

1．下面关于语音识别技术说法正确的是（　　）。

    A．语音识别汉语时只需要考虑拼音的发音

    B．声音的特征提取和图像的特征提取一样，直接提取即可

    C．HMM 是用来建立声学模型的一种技术

    D．以上说法都是错误的

2．下面活动中应用了智能语音技术的是（　　）。

    A．当天黑了家里窗帘自动拉合

    B．下雨天窗户自动关闭

    C．夜间起床说声"开灯"，灯就亮了

    D．当宝宝大声哭泣时，智能床铃开始播放音乐

3．（　　）不是语音识别技术的应用场景。

    A．入侵检测　　　　B．语音合成　　　　C．语音翻译　　　　D．智能客服

4．世界上第一个能识别 10 个英文数字发音的识别实验系统是（　　）研制的。

    A．IBM 公司　　　　　　　　　　B．微软

    C．Bell 实验室　　　　　　　　　D．英特尔

5．每个人的声音都不一样，是（　　）因素决定的。

    A．颅骨的形状　　　B．身体的密度　　　C．体内的电解质　　　D．声道的形状

6．（　　）是对声波进行特征提取后的输出。

    A．整形值　　　　　B．小数值　　　　　C．对数　　　　　　D．多维向量

7．语音处理中模式识别的目的是 （　　）。

    A．滤掉背景噪音　　　　　　　　B．识别发音对应的字、单词或句子

    C．确定功率谱中的包络　　　　　D．提取声学特征

8．（　　）是语音处理中预处理阶段的任务。

    A．特征提取　　　　B．模式匹配　　　　C．语言处理　　　　D．语音分幢

二、简答题

1. 请举出生活中常用的语音识别和语音合成的例子。

2. 在语音识别的预处理中，常用的窗口函数有哪些？

3. 基于神经网络的语音识别算法有哪些？

4. 语音合成的典型方法有哪些？

5. 什么是语音转换？请举出相关例子。

第5章

自然语言处理与 AIGC

- 了解自然语言处理的基本概念和典型应用。
- 了解 AIGC 的定义和关键技术。
- 熟悉 AIGC 的典型应用。
- 熟悉国内外主流的 AI 大模型。
- 了解 AIGC 的伦理与安全问题。
- 能使用提示词工程技巧进行创作。

5.1 自然语言处理简介

自然语言处理

自然语言处理（Natural Language Processing，NLP）被誉为"人工智能技术皇冠上的明珠"，一方面表明了它的重要性，另一方面显现出了它的技术难度。自然语言处理就是让计算机理解人类语言，并进行相应的分析。我们所熟知的苹果 Siri、微软小冰，就是自然语言处理的典型应用，它们不仅能够理解我们所说的话，还能够针对性地做出反馈。

5.1.1 自然语言处理的定义

自然语言处理研究能实现人与计算机之间用自然语言进行有效通信的各种理论和方法，让计算机能够理解、处理和生成自然语言，使计算机具有类似人类的语言交互和文本理解能力，是计算机科学、人工智能和语言学等学科交叉的前沿领域。自然语言处理与前面章节学习的语音识别、语音合成都是人工智能中与语音相关的重要领域，目标都是让计算机能够理解并以与人类几乎无异的方式生成语言。

相比于图像或语音，自然语言是一种高度抽象的信息形式。在图像和语音处理中，可使用两个信号之间的距离描述它们的相似性。然而，自然语言的语义差异或相似度难以通过直接计算表示，如"夫君""丈夫""老公""官人"等称呼都可以表示同一种身份，但只从符号计算角度无法判断这些词具有语义相似性。自然语言中的多音字、多义字（词）现象也增加了语义理解的难度，如"好吃"的不同发音，导致其含义有非常大的区别。因此，让计算机理解自然语言更具有挑战性。

5.1.2　自然语言处理的发展历程

自然语言处理的历史可以追溯到 20 世纪 50 年代提出的图灵测试，当时的计算机科学家尝试通过计算机程序实现对自然语言的理解及生成，开辟了人工智能领域的一个重要研究方向。

自然语言处理发展到现在，主要经历了三个阶段：第一个阶段是基于规则的方法（1990年以前），由于其过度依赖人力，发展缓慢；第二个阶段是基于统计的方法（1990—2012 年），放弃让机器模仿人类智能的思路，这一阶段在自然语言处理领域的很多任务上都有不小的突破；第三个阶段则是基于深度学习的方法（2012 年至今），受益于越来越强大的 GPU 的应用及互联网数据的爆炸式增长，基于深度学习的方法迅速席卷了自然语言处理领域，并持续高速发展。

1. 基于规则的方法

早期的自然语言处理采用启发式规则的模型，规则的定义基于语言学知识，涉及词汇、语法、语义等方面。这类方法依赖语言学家根据语言学知识事先编写大量的规则，由于人类语言的复杂性和随时间动态变化的特性，预先定义的规则很难覆盖所有可能出现的语法现象。

从 20 世纪 50 年代到 90 年代，自然语言处理出现了两大阵营。一个是基于规则的方法的符号派，另一个是采用概率方法的随机派。这两大阵营的研究都取得了长足的发展。20世纪 50 年代中期到 60 年代中期，以 Chomsky 为代表的符号派学者开始了形式语言理论和生成句法的研究，20 世纪 60 年代末期又进行了形式逻辑系统的研究。同时，由于人工智能技术的起步及发展，自然语言处理领域开始使用人工智能技术。受此影响，多数学者注重研究推理和逻辑问题，所以基于规则的方法占据了主导地位。

2. 基于统计的方法

20 世纪 90 年代，随着基于统计的方法被应用在自然语言处理任务上，自然语言处理的研究进入了机器学习的时代。支持向量机和 HMM 等机器学习算法被应用于语言识别和文本分类等任务。

3．基于深度学习的方法

随着深度学习的发展，自然语言处理采用神经网络从输入的原始数据中学习重要的特征，并根据不同的任务设计适合的网络结构。例如，适用于分类任务的卷积神经网络，适用于序列标注任务的循环神经网络，以及各种适用于条件生成任务的序列到序列模型。这降低了人工标注特征的专业知识要求，减少了人工处理的工作量。

2017 年，BERT、GPT 等预训练语言模型被提出，只需用少量的特定任务数据对其进行微调，就可以获得性能远优于使用特定任务数据从头开始训练的模型。但预训练语言模型的参数规模和训练数据规模庞大，计算花销急速增加，所以如何设计更好的预训练和微调阶段的训练目标成为关键。例如，GPT 采用经典的语言模型作为训练目标，根据前面的句子预测后一个字；BERT 采用掩码语言模型作为训练目标，根据被掩蔽单词的上下文预测被掩蔽的单词。

2018 年以后，自然语言处理进入大语言模型阶段。大规模预训练语言模型又称大语言模型（Large Language Models，LLMs），这一阶段的模型参数规模远大于之前的观模。首先使用"预训练大模型 + 微调大模型"的学习范式，可在几乎所有自然语言处理任务中取得领先效果，研究人员只需用大语言模型在下游任务标注数据集上进行微调，即可获得较好的任务性能。但其也有明显不足，需要对每个任务都单独训练一个模型。之后，一种新的范式，即"预训练 + 提示"被提出。它通过提示的方法直接使用预训练语言模型执行下游任务，不再需要对经过预训练的模型使用特定任务数据进行微调，而是使用文本提示对下游任务进行改造，使其表现形式接近于预训练任务的表现形式。其优势在于，使用一套适当的提示，只需一个完全以无监督方式训练的语言模型就可以完成各种任务。

通过提示的方法直接使用预训练语言模型完成各类下游任务的这一方法，从形式上统一了自然语言理解和自然语言生成的外在表现形式。目前应用广泛的模型有 GPT-3、PaLM、GLaM、Chinchilla、LaMDA 等，能够同时完成自然语言理解和自然语言生成任务。

大语言模型采用端到端的训练方法，通过大量神经元参数拟合预训练海量数据中包含的信息。这一方法有效规避了依赖人工设计特征的传统语言模型的性能限制，能自主学习语言的内在表示。但在这种模式下，为了能使用一个模型完成尽可能多的任务，需要模型从海量数据中学习更多的知识，需要更多的模型参数来存储知识，从而导致模型的规模越来越大，PaLM 模型的参数达到了 5400 亿个。

5.1.3　自然语言处理的基本任务

自然语言处理要解决的是人类和机器的沟通障碍，它需要达成两个目标。

其一，让计算机听得懂"人话"，即自然语言理解（NLU），让计算机具备人类的语言理解能力；其二，让计算机能够"讲人话"，即自然语言生成（NLG），让计算机能够生成人类理解的语言和文本，如文章、报告、图表等。

把人类的文本拆解来看，可以理解为词、句、关系的组合，要让机器理解人类语言和文本，首先要让机器对文本进行拆解和分析。自然语言处理的基本任务如下。

1. 词法分析

词法分析（Lexical Analysis）对词与词之间的联系进行分析，从而获得局部表达信息。它是其他自然语言处理任务（句法分析、语义分析、文本分类、信息检索、机器翻译、机器问答等）的基础。词法分析的具体任务就是将输入句子字符串换成词序列，标记出各词的词性，打上词汇标签。

对于不同的语言，其词法分析的具体方法和步骤是不同的。以中文词法分析为例，其主要任务是自动分词、词性标注。而中文分析的主要问题就是词语歧义，举例如下。

来到杨过曾经生活过的地方，小龙女说："我也想过过过儿过过的生活。"

"请问，货拉拉拉不拉拉布拉多？"

校长说："校服上除了校徽别别别的。"

切分歧义是一种常见的歧义，即对同一个待切分字符串存在多个分词结果。切分歧义又可细分为交集型歧义、组合型歧义和混合歧义。

1）交集型歧义

交集型歧义是指字符串 abc 既可以切分成 a/bc，又可以切分成 ab/c。举例如下。

"一天才到"："一天/才到""一/天才/到"。

"研究生命"："研究/生命""研究生/命"。

至于具体取哪种分词方法，需要根据上下文来推断。对于人类，大部分交集型歧义很容易分辨，但是对于计算机，却很难区分，这是一个很关键的技术问题。

2）组合型歧义

组合型歧义是指字符串 abc 中的 ab 为词，且 a 和 b 在句子中又可分别单独成词。举例如下。

"门把手弄坏了"："门/把手/弄/坏/了""门/把/手/弄/坏/了。"

这里的"把手"本身是一个词，分开之后可以单独成词。

3）混合歧义

混合歧义是以上两种情况通过嵌套、交叉组合等产生的歧义。举例如下。

"这首歌唱得太平淡了"，其中"太平"是组合型歧义，"太平淡"是交集型歧义。

2. 自动分词

自动分词的关键是让机器具有人对句子的理解能力，其发展也经历了较长的时期。目前的自动分词引入了深度学习，减少了人工干预的工作量，并且已经在歧义处理方面取得了明显的进展。自动分词的主要方法如下。

1）机械分词法

机械分词法是一种基于字典、词库匹配的自动分词方法，该方法按照一定的策略将待匹配的字符串和一个已建立好的"充分大的"词典中的词进行匹配，若找到某个词条，则说明匹配成功，识别了该词。机械分词法本质上是一种基于规则的方法，在传统分词方法中的应用最广泛、分词速度最快，其优点是实现简单、运行速度快。而缺点是严重依赖词典，无法很好地处理分词歧义和未登录词。

未登录词是指词典中没有收录过的词语。该问题在文本中的出现频次高于歧义。常见的未登录词的类型有实体名称，如人名（张三、王五）；数字、日期、货币；商标字号，如可口可乐、同仁堂；专业术语，如万维网、傅里叶变换；缩略语，如冬奥会；新词语。

机械分词法主要有最大匹配法和最少切分法。

最大匹配法先建立一个最长词条字数为 L 的词典，然后按正向（从句首到句尾）或逆向顺序取前 L 个字查词典。若查不到，则去掉最后一个字继续查，直到查找到一个词。

例如："他是研究生理科学的"（假设词典中的最长词条字数为 7）。

正向结果："他/是/研究生/理科/学/的"。

逆向结果："他/是/研究/生理/科学/的"。

最大匹配法及其改进方案基于词典和规则。其优点是实现简单，运行速度快。缺点是严重依赖词典，难以处理分词歧义和未登录词。

最少切分法又称最短路径法。假设待切分字符串长度为 n，建立一个节点数为 $n+1$ 的切分有向无环图，在节点之间建立有向边。从产生的所有路径中，选择最短路径（词数最少路径）作为分词结果。该方法对语言词表的依赖较小，但对许多歧义字段难以区分，在有多条最短路径时，最终的输出结果缺乏选择标准。此外，随着字符串长度较大和选取的最短路径数增多，长度相同的路径数急剧增加，选择正确结果的难度越来越大。

2）基于统计的方法

机械分词法对歧义问题的解决能力较弱，而基于统计的方法具有较强的歧义区分能力，但需要大规模标注（或预处理）语料库的支持，需要的系统开销也较大。

基于词的分词方法是一种典型的统计方法，大部分基于词的分词方法采用的都是生成式模型，主要考虑词汇之间及词汇内部字与字之间的依存关系。该分词方法的基本思想就是找到概率最大的切分策略。

基于字的分词方法也是一种重要的统计方法，该方法利用序列标注的方法进行分词。常用的概率统计模型有 HMM、条件随机场等。序列标注方式通常有两种，即 BIO 标注法和 BIOES 标注法。

BIO 标注法：B（Begin）代表实体的开头，I（Inside）代表实体的中间或结尾，O（Outside）代表非实体。

BIOES 标注法：B（Begin）代表实体的开始符，I（Inside）代表实体的中间内容，E（End）

代表实体的结束符，O（Outside）代表非实体的无关字符，S（Singal）代表单个字符实体。

举例如下。

输入：北京是中国的首都。

输出：B E O B E O B E。

结果：北京/是/中国/的/首都。

3）深度学习法

深度学习法利用深度神经网络自动提取特征，代替传统的人工干预的工作，对句子进行分词。深度学习法可将从句子中获取简单的特征改为获取复杂的特征，从单一语料库单一标准的模型改为可以使用多语料进行分词。深度学习法的模型结构如图 5-1 所示，其与序列标注问题类似。

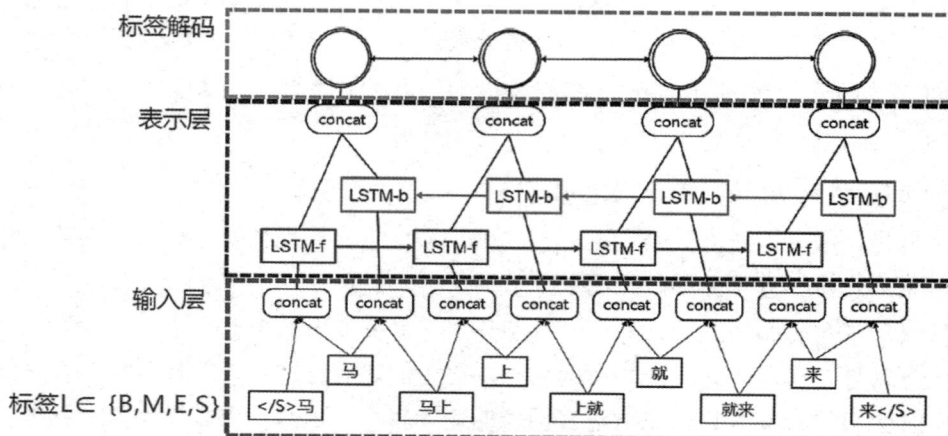

图 5-1　深度学习法的模型结构

3．文本组块分析

在进行词法分析后，词汇及词性被标记，单词被分组为短语，从而进入句法级别的分析。这需要分析句子的语法、短语和句子的结构，以及短语或句子中单词之间的关系，考察词汇层面未考虑的单词语序、停止词、形态和词性。例如，改变语序会改变单词之间的依赖关系，也可能影响句子的理解。文本组块分析是句子级别的典型任务之一。

以中文为例，文本组块是一种语法结构，符合一定语法功能的非递归短语，每个组块都有一个中心词，并围绕该中心词展开，以中心词为组块的开始或结束。任何一种类型的组块内部都不包含其他类型的组块。

文本组块分析是一种识别和分析语句局部结构的方法，从句法、韵律或意义的角度对句子划出各种互不交叉、没有嵌套的句块。其目标是识别这些句块、分析句块内的结构和句块间的关系，为下游任务提供有效的信息基础。与通常的句法分析相比，文本组块分析能够降低句子分析的难度，针对特定的应用目标，提高整体分析的效率。

　　传统的文本组块分析方法主要有基于规则的方法、基于机器学习的方法。基于规则的方法利用人工规定的或解析树库获得的语法规则对句子中的组块形式进行识别和标注。通过上下文信息，由人工提取特征集合（词汇信息、词性标签及上文已标注的单词标签）。早期文本组块分析领域研究多使用一次预测序列中一个单词标签的方法，利用不同词汇和句法信息作为特征以做出最佳的局部决策。较新的部分研究采用全局分类方法对整个序列的标签进行优化，使模型能捕捉产观察实例和标签之间的潜在关联结构。目前，这种方法已逐渐被基于机器学习的方法取代。

　　基于机器学习的方法可以分为监督学习、非监督学习及半监督学习三种。监督学习方法较为普遍，但存在明显不足，即需要一个大规模含有标注信息的语料库。这种语料库的标注准确率直接影响学习模型的预测泛化能力。语料库的建立是极其耗费成本的。非监督学习方法的主要缺点是迭代次数多、运算效率低，最终训练效果不及监督学习方法。另外，传统的文本组块分析方法对不同应用场景，需要指定特定的规则，采用不同的特征工程。而这些极大程度地影响着任务最终结果的好坏。

　　随着人工智能技术的发展，深度学习已经成为文本组块分析的主要技术手段，以下详细介绍这一领域。

　　1）词向量

　　机器无法直接处理人类语言，所以首先要将自然语言数字化。常见的方法是将字典中的字或词用一个定长的实数向量表示，这种处理方式称为词向量。

　　（1）独热编码。

　　独热编码又称 One-hot 编码，是最基本的词向量表示法。它将每个单词记录为唯一整数索引 k，生成大小为 N 的词表后，每个单词表示为一个长度为 N 的二进制向量，该向量第 k 个元素为 1，其余为 0。实际上，这就是一位有效编码，主要采用 N 位状态寄存器对 N 个状态进行编码，每个状态都有独立的寄存器位，并且在任意时候只有一位有效。

　　下面通过一个例子来理解独热编码。例如，在分类问题中，人的性别有男、女，国籍有中国、美国、法国，独热编码对其进行特征数字化。

　　按照 N 位状态寄存器对 N 个状态进行编码的原理，性别特征 $N=2$，则

$$男 \rightarrow 10$$
$$女 \rightarrow 01$$

同样地，国籍特征 $N=3$，则

$$中国 \rightarrow 100$$
$$美国 \rightarrow 010$$
$$法国 \rightarrow 001$$

　　此外，还可以定义爱好及运动特征，如足球、篮球、羽毛球、乒乓球（$N=4$）：

$$足球 \rightarrow 1000$$

$$篮球 \rightarrow 0100$$

$$羽毛球 \rightarrow 0010$$

$$乒乓球 \rightarrow 0001$$

当一个样本为[男,中国,乒乓球]的时候，完整的特征数字化的结果为[1,0,1,0,0,0,0,0,1]，其实就是对应男（01）、中国（100）、乒乓球（0001）合起来的编码。

独热编码的最大优势是解决了分类器不易处理属性数据的问题，在一定程度上扩充了特征。但也存在较大不足：词与词之间是独立的，不同词之间的距离均相等，无法表述词之间的内在联系。例如，"汽车"和"蛋糕"的距离与"汽车"和"火车"编码后的距离相等，这不符合实际语义。

（2）分布式表示法。

为了解决独热编码无法表达词之间的内在联系的问题，分布式表示法被提出。分布式表示法使相互关联的词不再彼此孤立，相似性高的词具有共享的信息。分布式表示法较常用的解决方法是 Word2Vec。Word2Vec 是 2013 年被提出的一个浅层神经网络，类似一个自动编码器，将每个词编码成一个向量，训练词库中与输入词相邻的词，有 CBOW（Continuous Bag Of Words）模型和 Skip-Gram 模型，如图 5-2 所示。

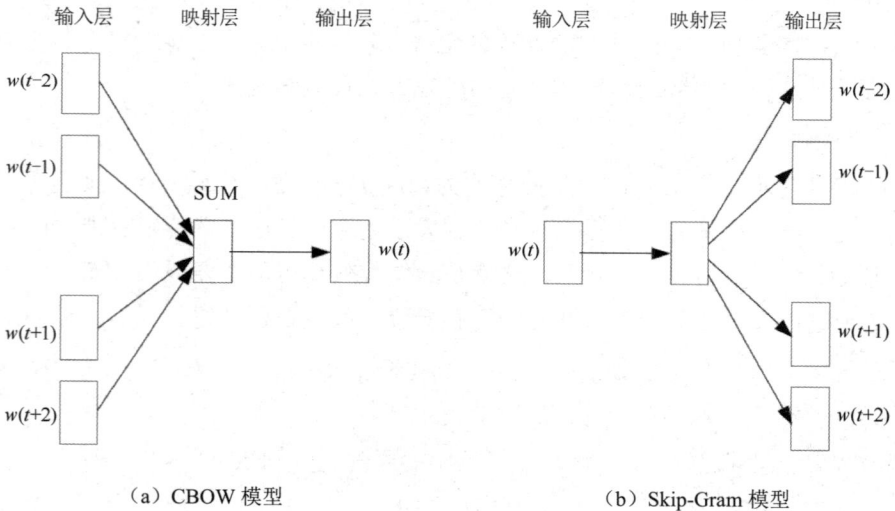

图 5-2　分布式表示法的 CBOW 模型和 Skip-Gram 模型

CBOW 模型通常被翻译为连续词袋模型，它使用上下文来预测目标单词，即根据某个词前面的 n 个词和后面的 n 个连续词，计算某个词出现的概率。CBOW 模型由输入层、映射层、输出层组成。假设输入的文本为"我想踢足球"，图 5-3 中 CBOW 模型的表达式意义如下：

$$W(t-2)= "我"$$

$$W(t-1)= "想"$$

$$W(t+1)=\text{"足"}$$
$$W(t+2)=\text{"球"}$$

图中的 SUM 操作就是将"我想足球"这四个字的词向量从头到尾依次按顺序拼接而成，拼接而成的数组就是最后要代入神经网络进行计算的输入，通过这个输入，我们希望神经网络能够计算出"踢"这个字。

Skip-Gram 模型的思路与 CBOW 模型基本是一样的，不同的是 Skip-Gram 模型是输入一个词而要预测多个上下文词，这时候需要其他处理。表 5-1 所示为两个模型的对比。

表 5-1 CBOW 模型和 Skip-Gram 模型的对比

性能	CBOW 模型	Skip-Gram 模型
单词训练输入	多个上下文词	一个中心词
单词训练标签	一个中心词	一个上下文词
训练复杂度	低	高
训练时间	短	长
训练效果	略差	好
生僻词专有词训练效果	略差	好

2）神经网络

卷积神经网络、循环神经网络和长短期记忆网络等神经网络模型均可应用于文本分块任务。卷积神经网络能自动提取词语特征，但无法表达上下文的关联信息。之后，循环神经网络被用于文本组块分析，通过引入循环连接，能够处理具有时序特性的数据，如文本、语音、时间序列等。随着数据序列长度的增加，循环神经网络在反向传播过程中会出现梯度消失或梯度爆炸问题，导致网络无法有效地学习到长期依赖关系。为了解决这一问题，长短期记忆网络应运而生，成为了解决时间序列问题的利器。

与传统的循环神经网络相比，长短期记忆网络使用遗忘门和输入门来控制单元状态的内容，使用输出门来控制单元状态的输出。遗忘门决定模型从单元状态中丢弃哪些信息，保留哪些信息。输入门决定当前时刻输入的哪些信息保存到单元状态中。输出门控制单元状态的哪些信息输出。进一步地，如基于 Bi-LSTM 的文本序列分块模型也被提出，之后位置敏感自注意力机制也被引入，以解决基于循环神经网络在捕捉句子中离散关系方面的局限性。

4. 句法及语义结构分析

人类依赖语言知识和句子中的概念理解一句话的意思，但机器并不能直接通过文本序列理解这些概念。句子级别的语义结构分析是自然语言处理领域的重要研究话题，能帮助研究人员揭示句子内部结构间的关联关系，从而更好地帮助研究人员用结构化数据表征自然语言文本中的语义信息。与句法分析相比，由于谓词论证等各种语义的复杂结构，语义结构分析较为困难，这是自然语言处理的一个长期目标。语义结构分析通过处理句子的逻辑结构识别密切相关的单词，以理解句子中不同单词或不同概念间的相互作用，从而确定句子的可能含义。常见的语义结构分析包括成分分析、依存分析及语义依存图。

成分分析是语义结构分析的一项基本任务，长期以来受到研究人员的关注。成分分析的目标是揭示句子中短语之间的关系。成分分析的评估标准可基于短语的标签正确性计算，其中，精度、召回率和 F1 测量分数为主要指标。成分分析的主流方法包括基于图表（Chart-based）的模型和基于转换的模型。目前，神经模型在上述两种方法的指导下都取得了最先进的性能。

依存分析旨在根据输入句子生成一棵句法依存树。句法依存树是单词之间的一组有向边，这些有向边形成以根为起点的有向树结构。每条边都从父词（也称为头词）指向子词，同时，每条边都有明确的句法关系标签，如主语、宾语、修饰语等。依存分析在语义解析、机器翻译、关系提取和许多其他任务中都有应用，对机器理解语句各部分的语义关联有较大帮助。

在早期阶段，依存分析主要关注生成依赖关系树，仅关注句子中的句法信息及浅层语义信息，随着深度语义解析的需求越来越大，研究人员逐渐开始关注语义依存图的解析。语义依存图仍由一组双重词汇化的依赖关系表征，图中的节点对应表层词汇，图中的边指示节点之间的语义关系。在这些研究中包含使用半监督训练方法的 CRF 自编码器的方法及基于 BERT 表征的图神经网络语义关系图解析方法等。

5. 语义分析

语义分析关注人们如何使用语言进行交流，并探究语言在特定情境中的含义和功能。一般关注以下三个方面的因素。

1）言外之意

语义分析探讨言外之意，即说话人所意味但未直接表达的含义，包括暗示、间接表达、隐喻和讽刺等语言现象。通过分析语言使用的语境和言外之意，可以更好地理解人们之间的交流和沟通。

2）语言行为

有研究人员研究了语言的行为方面，即语言的实际效果和影响。探讨了语言的目的、意图及其对听者行为的影响。例如，请求、命令、道歉和赞美等语言行为都可通过语义分析进行研究。

3）社会和文化因素

在不同社会和文化背景下，语言的使用方式、礼貌原则和交际规范可能存在差异。因此，需要分析研究人们在特定社会和文化环境中如何使用语言及这些因素对交际的影响，在对话中如何相互交流和组织话语，研究对话中的转换、话题管理、信息提供和反应等。

5.1.4　自然语言处理的流程

自然语言处理的流程通常包括以下几个步骤。

步骤 1：数据收集和预处理。

获取和清洗原始语言数据，包括文本、语料库或语音数据。

步骤 2：分词和词法分析。

将原始文本数据转换为适合模型输入的格式，如分词、去除停用词、词干提取等。

步骤 3：特征提取。

将文本转换为计算机可以处理的向量形式，如词向量、句子向量等。常用的特征提取方法包括词袋模型、TF-IDF、词嵌入等。

步骤 4：模型训练。

利用训练数据集，采用机器学习或深度学习方法训练自然语言处理模型。

步骤 5：模型评估。

使用验证数据集评估模型的性能，如准确率、召回率、F1 测量分数等指标。

步骤 6：模型应用。

将训练好的模型应用于实际问题，如文本分类、情感分析、机器翻译等。

在实现自然语言处理时，首先，需要考虑数据集的选择和预处理。数据集的选择和质量对自然语言处理的效果有着很大的影响，因此需要选择合适的数据集，并进行数据清洗和预处理。其次，还需要采用一些自然语言处理工具和技术。常用的自然语言处理工具包括 NLTK、spaCy、Stanford CoreNLP 等。这些工具包提供了很多自然语言处理的功能，如分词、词性标注、命名实体识别、句法分析等。最后，还需要选择合适的算法和模型。常用的算法包括朴素贝叶斯、支持向量机、决策树、随机森林等。同时，深度学习成为自然语言处理的主流技术，常用的模型包括卷积神经网络、循环神经网络和 Transformer 等。

5.1.5　自然语言处理的应用领域

自然语言处理旨在实现人与计算机之间使用自然语言进行有效通信。自然语言处理的应用领域相当广泛，现阶段主要的应用领域包括机器翻译、文本摘要、问答系统、文本分类等。

1．机器翻译

机器翻译是自然语言处理的典型应用，它使用计算机将一种语言自动翻译成另一种语言。翻译需要在形态、句法和语义等方面具备足够的知识储备，并能够考虑两种语言文化的差异，还需要熟练的理解和判断能力，这对机器翻译提出了巨大的挑战。

如何让机器流畅、通顺地翻译语言的研究工作可追溯到 20 世纪 40 年代。美国数学家

Warren Weaver 根据人类翻译的经验规划了机器翻译的前景，并提出了用于机器翻译的不同策略及方法，包括使用二战时期的密码破译机器、统计学方法、香农的信息学理论，以及对于语言背后逻辑与通用特征的探索等。之后，这种经验主义的研究一直持续到 20 世纪 90年代。

1990 年，IBM 公司的研究员提出了一种基于双语语料库的统计机器翻译模型，为统计机器翻译（Statistical Machine Translation，SMT）范式奠定了基础，成为之后 20 多年机器翻译领域的主流范式。

2014 年，在 NeurIPS 会议上，来自谷歌的科学家 Sutskever 等人发表了基于神经网络的序列到序列模型，开辟了神经机器翻译（Neural Machine Translation，NMT）的新范式。随着深度学习的快速发展，神经机器翻译快速取代了统计机器翻译，成为主流的机器翻译范式。

2022 年年底，随着 ChatGPT 的大规模应用，标志着大语言模型时代正式到来，使用大语言模型进行多语言机器翻译受到越来越多的关注。通过评估不同模型在多语言机器翻译任务中的表现，优化上下文学习方法，以提升机器翻译的效果。进一步地，对示例选择策略进行深入研究，继续提高机器翻译的质量和可靠性。

1）文字翻译

文字翻译是最常见的应用，它将一段文字翻译为另一种语言的文字。常用的翻译软件有谷歌翻译、百度翻译、必应翻译、有道翻译和火山翻译等。

这里用不同的翻译软件将"千呼万唤始出来，犹抱琵琶半遮面"这句古诗翻译成英文，对比它们的翻译效果。

翻译 1：After a thousand calls, he came out, still holding the pipa half-hidden.

翻译 2：He came out with a thousand calls, and half covered his face with the lute.

翻译 3：A thousand calls began to come out, still holding half-masked faces.

翻译 4：After calling for a long time she finally came out, still hiding half of her face behind her pipa.

翻译 5：Yet we called and urged a thousand times before she started toward us, still hiding half her face from us behind her guitar.

可以看出不同语境下的翻译效果各有不同，读者可以自行比较尝试。

2）语音翻译

当你需要和一个外国人对话，但是你们互相都听不懂对方在说什么时，可以使用语音翻译产品，将对方的语言转换为自己看得懂的文字或听得懂的语音。当一个外国人在用某种语言解说一场足球比赛，但是观众都听不懂时，可以通过翻译技术，实时将观众看得懂的文字显示在屏幕上，这就叫同传技术。总的来说，语音翻译包含语音识别、机器翻译和语音合成三种技术。

目前，机器翻译在实现更准确、高效和多样化的翻译方面有很大发展，在跨语言交流和文化交流方面发挥着越来越重要的作用。

2. 文本摘要

文本摘要总结文档的关键要素，生成内容的概述。摘要分为抽取式和生成式两类。抽取式摘要从原文档中直接提取文本，简化句子并重新进行排序和连接，表达文档的关键信息。生成式摘要理解并概括表达文档的关键内容，可能会采用原文档中未出现过的词汇。

目前的文本摘要已经广泛使用深度学习方法，并引入注意力机制，在语义理解方面提升模型的性能和表现。而著名的 GPT-2 则采用预训练模型，能够生成抽象文本摘要，更接近人类对文本的理解。此外，还可以通过文档特征、词性特征和命名实体识别等方法进一步提升摘要生成效果。

3. 问答系统

问答系统与摘要和信息提取相似，从文档中搜集相关词汇、短语或句子，以连贯的方式回应请求并返回这些信息。大语言模型已经在问答系统中广泛使用，如 ChatGPT。一般地，将问答系统分为封闭式和开放式。

封闭式问答系统仅基于模型内部知识，以及对语言的理解来生成答案。封闭式问答任务通常用于特定领域的内部问答，如在线购物、售后服务、技术支持、酒店预订等。这些任务通过特定领域的知识、规则和数据来提供准确的答案，具有十分明显的任务驱动性和目标导向性，通常具有明确定义的目标和期望的输出。封闭式问答系统的设计和开发需要综合考虑对领域知识的理解、语义解析、意图识别、上下文理解和生成准确且合适的回复等多种因素，根据用户的输入和上下文动态调整和生成回复，以满足用户需求并完成任务。但封闭式问答系统也存在诸多局限，其生成的答案受限于其训练数据中存在的知识和信息，没有独立的知识存储，有时候会表现得过度自信。

开放式问答系统不限定对话的目标和话题，允许用户自由发表言论、提问、分享意见等，能够与用户进行自然、富有表达力的交流。其特点是能够与用户进行自由、灵活、多轮次的对话，具备上下文感知能力，能够生成自然流畅的回复。目前已经广泛用于虚拟助手和聊天机器人，如智能手机的语音助手，回答用户的问题、提供实用信息、闲聊互动，或者用于智能客服，提供人性化的对话服务、娱乐和社交功能。开放式问答系统的特点包括支持多轮交互。

问答系统的优化与发展越来越依赖深度学习和大语言模型，特别是在处理大量预训练数据、理解上下文关系和提取关键信息方面。同时，存在需要进一步完善之处，如处理细粒度知识，结合封闭式和开放式问答系统的优势，开发拥有长期记忆、生成引人入胜且连贯的回复等。

4. 文本分类

文本分类是自然语言处理领域最基础的任务之一，将非结构化文本文档归类到预先定义的类别中。这一任务具有重要且广泛的实际应用，如对话机器人、搜索推荐、情绪识别、内容理解、内容审查、质量检测等。

按分类数量，文本分类任务如下。

二分类：即 0-1 分类，只有两种情况，如邮件垃圾分类。

三分类：正面、中立、负面，如情感分类、情绪识别。

多分类：主要有意图识别和主题分类。意图识别如天气查询、歌曲搜索、随机闲聊等；主题分类如新闻类别识别、财经、体育、娱乐、金融、体育、军事等。

此外，还有多标签分类任务，即一条数据可能有多个标签，每个标签可能有两个或多个类别。例如，一篇新闻可能同时归类为娱乐和运动，也可能只属于娱乐或运动。

5.2 AIGC 简介

2022 年是 AIGC（AI-Generated Content，人工智能生成内容）爆火出圈的一年，不仅被消费者追捧，而且备受投资界关注，更是被技术和产业界竞相追逐。AIGC 将重新塑造各个行业，正在引领人工智能领域的革命。比尔·盖茨认为，人工智能的发展将与微处理器、个人计算机、互联网及智能手机等技术一样，重塑所有行业。微软公司首席执行官 Satya Nadella 认为，ChatGPT 是知识工作者的"工业革命"，并断言人工智能将彻底改变所有类型的软件服务。目前，搜索、办公、在线会议等多个软件服务都已融入 AIGC 的能力。OpenAI 公司首席执行官 Sam Altman 表示，多模态的大型人工智能模型将成为新的技术平台，具有广泛的应用前景。这意味着开发人员可以基于大型预训练人工智能模型快速开发各种领域的应用，并将其部署使用。

5.2.1　AIGC 的定义

AIGC 是一种人工智能技术，用于自动生成内容，该内容在很大程度上类似通过训练数据学到的内容分布。与传统的人工智能主要关注数据模式的识别和预测不同，AIGC 专注于创造新的、富有创意的数据。其核心原理在于通过学习和理解数据分布，生成具有相似特征的新数据。AIGC 的应用领域广泛，包括图像、文本、语音、视频等多个领域。目前，AIGC 中最引人注目的应用之一是 ChatGPT，这是基于 OpenAI 公司的大语言模型 GPT-3.5 训练、调试和优化的聊天机器人应用。ChatGPT 可以处理各种不同类型的文本和推理任务，它在发布仅两个月内就获得了 10 亿月活跃用户，超越了历史上所有互联网消费者应用软件的用户增长速度。

5.2.2 AIGC 的奥秘

1. AIGC 的关键技术

AIGC 的迅速发展得益于 3 个关键领域的人工智能技术，即生成算法、预训练模型和多模态技术。

（1）生成算法的不断创新使得人工智能能够生成多种类型的内容，如文本、代码、图像、语音、视频等。AIGC 代表从分析型 AI（Analytical AI）发展到生成式 AI（Generative AI）的重要转变。分析型 AI 主要基于已有数据进行分析、判断和预测，而生成式 AI 学习完已有数据后，进行演绎、生成和创造全新内容。

（2）预训练模型极大地提高了 AIGC 的通用性和工业化水平。以前，研究人员需要为每种类型的任务单独训练 AIGC 模型，这些模型只能执行特定任务，缺乏通用性。但预训练模型显著提高了 AIGC 模型的通用性，使其成为自动生成内容的"工厂"和"生产线"。生成式 AI 模型，如 ChatGPT、GPT-4 等大语言模型及图像生成模型，被称为基础模型（Foundation Models）。这些模型基于丰富的大规模数据预训练，展现出强大且通用的语言理解和内容生成能力。

（3）多模态技术使 AIGC 模型能够融合处理多种数据类型，将文本转换为图像、视频等，从而进一步增强 AIGC 模型的通用性。

AIGC，尤其是大语言模型等，引领了新的人工智能发展范式，拥有广阔的应用前景。一是基础的生成算法模型不断突破创新，二是预训练模型引发了 AIGC 能力的质变，三是多模态技术推动了 AIGC 的内容多边形，让 AIGC 具有更高的通用性。

对于大众，AIGC 代表新的创造性工具，将更大程度地释放个体的创造力和创意生产力。此外，AIGC 还将改变信息获取的主要方式。例如，ChatGPT 在寻找答案和问题解决方面已经部分超越了传统搜索引擎，这意味着 AIGC 有望改变我们获取信息和产生内容的方式，成为数字经济时代需求爆发的杀手级应用。

2. 大语言模型

大语言模型是一种基于机器学习和自然语言处理的模型，它通过对大量的文本数据进行训练，学习服务人类语言理解和生成的能力。大语言模型的核心思想是通过大规模的无监督训练来学习自然语言的模式和结构，这在一定程度上能够模拟人类的语言认知和生成过程。与传统的自然语言处理模型相比，大语言模型能够更好地理解和生成自然文本，同时表现出一定的逻辑思维和推理能力。

3. 提示词工程

提示词（Prompt）是指在人工智能场景下给模型的一个初始输入或提示，用于引导模型生成特定的输出。如果把大语言模型比作代码解释器，提示词就类似我们编写的代码。提示器可以是一个问题、一段文字描述，也可以是带有一堆参数的文字描述。人工智能模型会基于提示词所提供的信息，生成对应的文本或图像。例如，我们在 ChatGPT 中输入中国的首都是什么？这个问题就是提示词。

提示词工程（Prompt Engineering，PE）是一种人工智能技术，它通过设计和改进人工智能的提示词来提高人工智能的表现。提示词工程的目标是创建高度有效和可控的人工智能系统，使其能够准确、可靠地执行特定任务。

目前，提示词工程主要应用在两个领域：一个是类似大语言模型的应用（如 ChatGPT），另一个是文生图领域。

我们遇见的不管是 OpenAI ChatGPT、谷歌 Bert、百度文心一言还是阿里通义千问，底层都使用了大模型的概念，用了大量的数据进行无监督预训练学习，最后的结果是训练出的人工智能是个通才。这个通才会根据我们的输入给一个输出结果，而且一直在预测下一个 token（文本中的最小有意义的单位）出现的概率，也就是根据上文的输入来预测下文是什么。输入不同，生成的结果质量可能完全不同。例如，你告诉大模型应用，让它给你做一个单位门户网站，其效果可能一般。但如果你告诉大模型应用，让它作为产品经理，做一个单位门户网站，其质量会好很多。可见提示词工程多么重要。对于大模型，最关键的就是提一个好问题。提一个好问题，你就能得到一个好结果。

阿德莱德大学澳大利亚机器学习研究所（AIML）的高级讲师 Lingqiao Liu 分享过以下 4 个技巧。

（1）一次性提示。例如，咨询某一种动物的情况，让模型根据其特点、居住区域、饮食习惯等给出信息。

（2）角色提示。例如，告诉模型"我是一位母亲，想要知道我每天的行程规划"，让模型根据"母亲"的角色给出具体安排。

（3）引入关键代理。例如，可以让 ChatGPT 先写一个关于机器人的故事，再进行改写。

（4）思维链。先让人工智能对回答某个问题给出具体步骤，然后鼓励它依照自己给出的步骤推理更复杂的问题。

4．AIGC 的工作原理

通过单个大规模数据的学习训练，人工智能具备多个不同领域的知识，只需要对模型进行适当的调整和修正，就能完成真实场景的任务。AIGC 的工作原理可以分为以下几个步骤。

步骤 1：收集数据。

AIGC 需要大量的数据来学习和理解人类创作的内容。这些数据包括书籍、文章、图像、语音和视频等各种形式的媒体。

步骤 2：模型训练。

基于收集的数据，AIGC 利用深度学习模型进行训练。这些模型通常是神经网络，它们通过学习文本、图像或语音的模式和语法规则来生成新内容。

步骤 3：内容生成。

一旦模型训练好，就可以开始生成内容。用户可以输入一些基本的信息或要求，AIGC 会根据这些信息或要求生成相应的内容。这可以是新闻文章、小说、音乐、绘画等各种类型的作品。

步骤 4：反馈和改进。

AIGC 通常会采纳用户的反馈，用于改进接收的内容。这有助于模型不断学习并提高生成质量。

5.2.3　AIGC 产业生态体系

目前，AIGC 产业生态体系的雏形已现，呈现为三层架构，如图 5-3 所示。

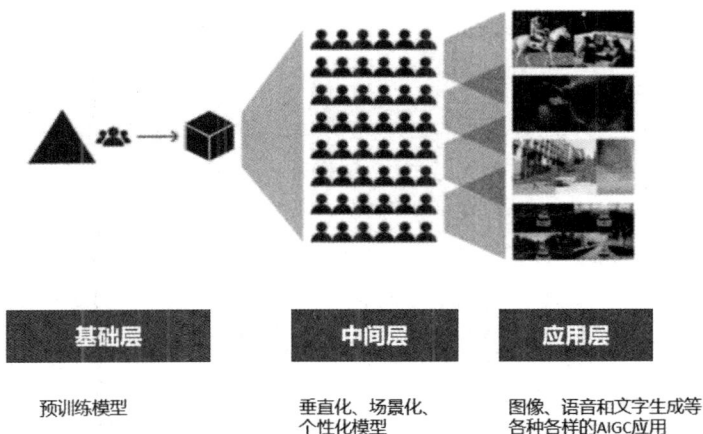

图 5-3　AIGC 产业生态体系

第一层为基础层，也就是以预训练模型为基础搭建的 AIGC 基础设施层。由于预训练模型的高成本和技术投入，因此具有较高的进入门槛。

第二层为中间层，即垂直化、场景化、个性化模型。预训练的大模型是基础设施，在此基础上可以快速抽取生成场景化、定制化、个性化的小模型，实现在不同行业、垂直领域、功能场景的工业流水线式部署，同时兼具按需使用、高效经济的优势。

第三层为应用层，即面向 C 端用户的文本、图像、视频、语音等内容生成服务。在应用侧，侧重满足用户的需求，将 AIGC 模型和用户的需求无缝衔接起来，实现产业落地。

随着数字技术与实体经济的融合程度不断加深，以及互联网平台的数字化场景向元宇宙转型，人类对数字内容总量和丰富程度的整体需求不断提高。AIGC 作为当前新型的内容生产方式，已经率先在传媒、电商、影视、娱乐等数字化程度高、内容需求丰富的行业取得重大创新发展，市场潜力逐渐显现。与此同时，在推进数实融合、加快产业升级的进程中，金融、医疗、工业等各行各业的 AIGC 应用在快速发展。

5.2.4　AIGC 的典型应用

AIGC 是建立在多模态之上的人工智能技术，即单个模型可以同时理解文本、图像、视频、语音等，并能够完成单模态模型无法完成的任务，如给视频添加文字描述、结合语义和语境生成图像等。

1．AIGC 的主要任务

现阶段国内 AIGC 多以单模型应用的形式出现，主要分为文本生成、图像生成、视频生成、语音生成，其中文本生成是其他内容生成的基础。

1）文本生成

文本生成使用人工智能算法和文本生成模型（Text Generation）来生成模仿人类书写内容的文本。它涉及在现有文本的大型数据集上训练机器学习模型，以生成在风格、语气和内容上与输入数据相似的新文本。

2）图像生成

人工智能可用于生成非人类艺术家作品的图像。这种图像被称为"人工智能生成的图像"。人工智能图像可以是现实的，也可以是抽象的，还可以传达特定的主题或信息。

3）视频生成

AIGC 被用于视频剪辑处理以生成预告片和宣传视频。工作流程类似图像生成，视频的每帧都在帧级别进行处理，利用人工智能算法检测视频片段。AIGC 生成引人入胜且高效的宣传视频的能力是通过结合不同的人工智能算法实现的。凭借其先进的功能，AIGC 可能会继续革新视频内容的创建和营销方式。

4）语音生成

AIGC 的语音生成技术可以分为两类，分别是文本到语音合成和语音克隆。文本到语音合成需要输入文本并输出特定说话人的语音，主要用于机器人和语音播报任务。到目前为止，文本到语音合成任务已经相对成熟，音质已达到自然标准，未来将向更具情感的语音合成和小样本语音学习方向发展。语音克隆以给定的目标语音或文本为输入，将输入语音或文本转换为特定说话人的语音。语音克隆任务用于智能配音等类似场景，合成特定说话人的语音。

2．AIGC 的主要应用领域

AIGC 可以大幅度提高内容生成的速度，节省时间和资源，可以轻松应对大规模的内容生成需求，同时可以根据用户的需求生成定制内容，并且生成的内容通常保持一致，避免出现错误。因此，AIGC 在各个领域应用广泛，主要应用领域包括内容创作、广告和营销、教育、医疗、艺术与创意。

1）内容创作

AIGC 可以用于生成新闻文章、博客帖子、小说等文本内容，还可以根据用户的需求，生成高质量、独特的文本，为内容创作者提供巨大的帮助。

2）广告和营销

AIGC 能够生成引人注目的广告标语、宣传材料和社交媒体内容，帮助企业吸引更多的用户。

3）教育

在教育领域，AIGC 可以生成个性化的教育内容，帮助学生更好地理解和掌握知识。

4）医疗

AIGC 可以帮助医疗专业人士分析患者数据并生成医疗报告，提高医疗诊断的准确性。

5）艺术与创意

AIGC 可以生成音乐、画作，甚至电影剧本，为创意艺术家提供无限的灵感来源。

目前国内的 AIGC 技术与应用，供需两侧主要集中在营销、办公、客服、人力资源、基础作业等领域，并且这种技术所带来的赋能与价值已经初步得到验证。根据 TE 智库 2023 年 5 月发布的《企业 AIGC 商业落地应用研究报告》显示，33.3% 的企业在营销场景、31.9% 的企业在在线客服场景、27.1% 的企业在数字化办公场景、23.3% 的企业在信息化安全与策略场景下迫切期望 AIGC 的加强和支持。

以 OpenAI 推出的 ChatGPT 为首，2023 年各种 AIGC 产品层出不穷，至今已经形成一整套蓬勃的生态，画图有 Leap Motion 的 Midjourney，谱曲有谷歌的 MusicLM，办公有微软的 Copilot。

5.3　国内外主流的 AI 大模型

大语言模型与
AICC 伦理安全

自 2022 年 11 月 ChatGPT 正式上线开始，引发了新一轮全球人工智能热潮。GPT（Generative Pre-trained Transformer）是 OpenAI 开发的一种基于 Transformer 架构的大语言模型。大语言模型作为 ChatGPT 的底层架构，是一种基于机器学习和自然语言处理的模型，通过对大量文本数据进行训练，学习服务人类语言理解和生成的能力。简单来说，大语言模型这个内核在学习大量文本数据的同时进行着相关的"训练"，进而在一定程度上模拟出人类的语言认知生成过程。

大模型具有大量的参数，并采用了复杂结构的机器学习模型，可以处理大规模的数据和复杂的问题。相对而言，传统的机器学习模型规模较小，只能处理少量的数据。深度学习模型则包含数百万个参数，可以处理海量数据。而超大规模深度学习模型甚至可以达到百亿级别的参数，需要使用超级计算机进行训练。

目前，很多科技公司和机构都发布了他们自己的大模型，如 OpenAI 发布了 ChatGPT-4、微软发布了必应 AI、谷歌发布了 Bad、百度发布了"文心一言"等。

近年来，中国的 AI 大模型产业如火如荼。据《中国人工智能大模型地图研究报告》披露，自 2020 年，中国企业和机构发布了 79 个参数在 10 亿级别以上的大模型，这轮热潮也被戏称为"百团大战"。在大模型入局者中，既有百川智能等后起之秀，又不乏百度、阿里、科大讯飞等积淀深厚的选手。

5.3.1　OpenAI 的 GPT 大模型

GPT 大模型的主要产品包括 GPT-1、GPT-2、GPT-3 和 GPT-4。这些产品都是 OpenAI 研发的大语言模型，被广泛应用于自然语言处理领域。GPT-1 和 GPT-2 主要用于文本生成和问答系统，而 GPT-3 和 GPT-4 则可以应用于更加广泛的领域，包括医疗、金融、法律等。

此外，基于 GPT 大模型，OpenAI 还推出了多款产品和服务，如 ChatGPT、DALL-E2、Descript 等。ChatGPT 是一种基于 GPT-3 的聊天机器人，可以用于对话生成和自然语言理解等方面；DALL-E2 则是一种基于 GPT 的图像生成器，可以根据文字描述自动生成符合要求的图像；Descript 则是一种基于语音转录技术的工具，可以将语音转换为文本，并支持语音识别和语音合成等功能。

ChatGPT 是 OpenAI 研发的聊天机器人程序，于 2022 年 11 月 30 日发布。ChatGPT 是人工智能技术驱动的自然语言处理工具，它能够通过理解和学习人类的语言进行对话，还能根据聊天的上下文进行互动，真正像人类一样聊天交流，甚至能完成撰写邮件、视频脚本、文案、翻译、代码、论文等任务。

ChatGPT 是一种基于人工智能技术的对话生成模型，具有以下特点。

（1）自主性：ChatGPT 可以自主地生成连贯的对话内容，不需要人工设置初始对话或特殊约束。

（2）上下文理解：ChatGPT 能够理解上下文信息，以便更好地回答用户的问题或提供更准确的建议。

（3）可定制性：ChatGPT 可以根据特定的任务或领域进行定制，以提供更加个性化和定制化的对话服务。

（4）控制语气和内容：ChatGPT 可以通过修改引导语或添加特定的指示来调整生成对话的语气和内容，从而满足用户的需求。

（5）适应性：ChatGPT 可以适应各种对话场景和语言风格，能够处理多种语言和方言，具有一定的语言普适性。

（6）高效性：ChatGPT 可以快速生成回复，以实时响应用户的提问。这种快速响应的特点对互联网运营来说非常重要，因为用户通常希望能够及时地获得答案或解决问题。

（7）学习能力：ChatGPT 可以通过与用户的互动不断学习和提升自己的回答能力。这使得它可以随着时间的推移不断改善，并适应用户的变化需求。

总的来说，ChatGPT 是一种功能强大的对话生成模型，它可以广泛应用于各种对话场景和领域，帮助用户解决各种问题，提供个性化和定制化的服务。

5.3.2　百度的文心大模型

百度的文心大模型源于产业、服务于产业，是产业级知识增强大模型。百度通过大模型与国产深度学习框架融合发展，打造了自主创新的人工智能底座，大幅降低了人工智能开发和应用的门槛，满足真实场景中的应用需求，真正发挥大模型驱动人工智能规模化应用的产业价值。文心大模型的一大特色是"知识增强"，即引入知识图谱，将数据与知识融合，提升了学习效率及可解释性。文心 ERNIE 自 2019 年诞生至今，在语言理解、文本生成、跨模态语义理解等领域取得了多项技术突破，在公开权威语义评测中斩获了十余项世界冠军。2020 年，文心 ERNIE 荣获世界人工智能大会 WAIC 最高奖项 SAIL 奖。文心大模型主页面如图 5-4 所示。

图 5-4　文心大模型主页面

文心大模型构建了基础-任务-行业三级大模型体系，已实现人工智能应用场景全覆盖，现阶段包括自然语言处理、CV、跨模态、生物计算与行业大模型。

（1）文心·自然语言处理大模型：基于知识增强语义理解技术，从海量数据和多源丰富知识中融合学习，具备超强语言理解及语言生成能力，包括文心一言（ERNIE Bot）、鹏城-百度·文心、ERNIE 3.0 Zeus、PLATO、ERNIE-M、ERNIE-Search、ERNIE-Code 等。

（2）文心·CV 大模型：基于海量图像、视频数据，面向广泛视觉技术应用场景打造的视觉基础模型，以及视觉任务定制与应用能力，包括 VIMER-UMS、VIMER-StrucTexT、VIMER-UFO 等。

（3）文心·跨模态大模型：基于知识增强的跨模态语义理解关键技术研制的跨模态理解与生成大模型，可实现跨模态检索、图文生成、图像文档的信息抽取等，包括 ERNIE-

ViLG、ERNIE-Layout 等。

（4）文心·生物计算大模型：融合自监督和多任务学习，并融入生物领域研究对象的特性，构建面向化合物分子、蛋白分子的生物计算大模型，包括 HelixGEM、HelixFold 等。

（5）文心·行业大模型：在通用的文心知识增强大模型的基础上，学习行业特色数据与知识，打造行业大模型，已在能源、金融、航天、制造、传媒等多个领域联合发布行业大模型。

总之，文心大模型作为一种先进的人工智能技术，在各个领域都有广泛的应用前景，能够帮助人们更加高效地处理文本信息，提高生产力和创造力。

5.3.3 科大讯飞的讯飞星火认知大模型

讯飞星火是新一代认知智能大模型，拥有跨领域知识和语言的理解能力，能够基于自然对话方式理解与执行任务，如图 5-5 所示。

图 5-5　讯飞星火认知大模型

主要功能如下。

（1）多模理解：上传图像素材，大模型完成识别理解，返回关于图像的准确描述。

（2）视觉问答：围绕上传图像素材，响应用户的问题，大模型完成回答。

（3）多模生成：根据用户的描述，生成符合期望的合成音频和视频。

（4）虚拟人视频：描述期望的视频内容，整合人工智能虚拟人，快速生成匹配视频。

5.3.4　阿里云的通义大模型

　　阿里云的通义大模型是阿里云推出的一个超大规模的语言模型，其功能包括多轮对话、文案创作、逻辑推理、多模态理解、多语言支持。能够跟人类进行多轮交互，也融入了多模态的知识理解，且具有文案创作能力，能够续写小说、编写邮件等。通义大模型主页面如图 5-6 所示。

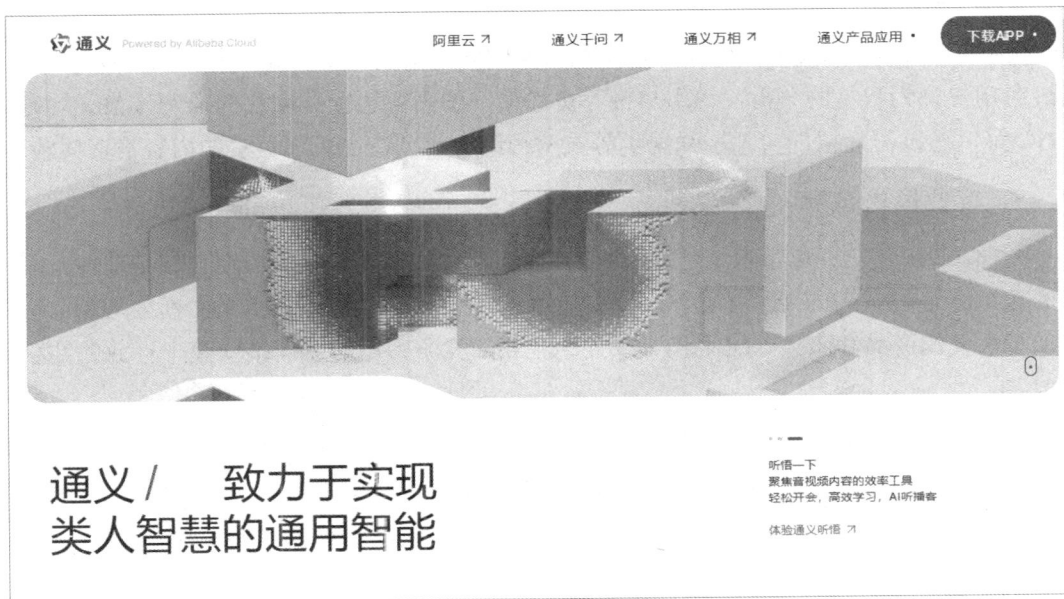

图 5-6　通义大模型主页面

　　通义大模型产品应用包括通义千问、通义万相、通义听悟、通义灵码、通义星尘、通义智文等。

5.4　AIGC 的伦理与安全

　　AIGC 是人工智能 1.0 时代进入 2.0 时代的重要标志。AIGC 对人类社会、人工智能的意义是里程碑式的。短期来看，AIGC 改变了基础的生产力工具；中期来看，AIGC 改变了社会的生产关系；长期来看，AIGC 促使整个社会生产力发生质的突破。在这样的生产力工具、生产关系、生产力变革中，生产要素——数据价值被极度放大。

5.4.1　AIGC 的社会影响

　　近年来，在创新发展的驱动下，AIGC 开始在新闻、影视、娱乐等多个领域展现出强大的潜力，并逐渐成为内容生产的新范式。

1. 内容生产去中心化

传统的新闻媒体、影视、广告等行业的内容生产，需要专业人员来完成，其制作周期长、成本高。而 AIGC 的出现，使得内容生产变得更加去中心化，普通用户也可以参与其中，创作出独具特色的内容。这不仅降低了内容生产的门槛和成本，而且使得内容更加丰富多样。

2. 内容消费升级

随着 5G、物联网等技术的发展，人们对于内容消费的需求也在不断升级。AIGC 可以通过对用户行为数据的分析，为用户推荐更加精准的内容，提高用户的消费体验。同时，AIGC 可以通过与虚拟现实、增强现实等技术相结合，创造出更加沉浸的内容消费体验。

3. 商业模式创新

AIGC 的快速发展也带来了商业模式的创新。通过 AIGC，企业可以更加精准地了解用户需求，制定更加有效的营销策略。同时，AIGC 可以通过对用户数据的分析，为企业提供更加个性化的产品和服务。这不仅可以提高企业的竞争力，还可以推动整个行业的数字化转型。

总之，AIGC 的出现，对于内容生产、内容消费、商业模式等方面产生了深远的影响。未来，随着技术的不断发展，AIGC 会在更多领域发挥出更大的潜力，推动整个社会的进步和发展。

5.4.2 AIGC 的伦理与安全问题

随着人工智能技术的发展，AIGC 已经取得显著的进展。然而，AIGC 仍然面临一些伦理与安全问题，只有解决了这些问题，才能更好地促进 AIGC 的发展。

1. 法律法规完善程度低

目前，AIGC 相关的法律法规完善程度低是主要问题，想要有效利用 AIGC，必须对其相关的法律法规进行完善。就 AIGC 目前的应用来看，缺乏完善的安全性标准，没有明确 AIGC 服务、内容传播与技术应用各相关方面的法律和社会责任。缺乏完善的 AIGC 相关立法与分级分类的监管手段，AIGC 的安全性难以得到保障。

随着 AIGC 的不断发展，人工智能应用的领域日益广泛，为了更好地规范市场发展，建议逐步完善保障 AIGC 良性发展的法律法规体系，建立法律准入体系。开展针对 AIGC 模型市场准入方面的法律法规研究，从而明确 AIGC 服务、内容传播与技术应用各相关方面的法律和社会责任。我国已先后颁布《互联网信息服务算法推荐管理规定》《互联网信息服务深度合成管理规定》《生成式人工智能服务管理暂行办法》等，但这些特定措施缺乏连续性和稳定性，需要"建立稳定、持久的生成式人工智能技术法律框架"。同时，鼓励立法研究的多方参与、监管手段的分级分类、行业治理的公私合作。

2．数据要素问题突出

在 AIGC 的使用中，没有明确划分公有数据和专有数据的使用界限，使基础大模型训练的数据合规性、安全性、权属产生问题。例如，专有数据的泄露可能会导致用户数据安全的问题，同时数据要素很难有效地发挥出自己的价值。

数据是 AIGC 发展的三大根基之一，加强数据要素安全，是人工智能技术安全落地的基础。首先，可以加强各级单位对于数据要素的治理，分级分层建立数据要素安全标准，如在网络安全等级保护、数据分类分级管理、合规管理体系的搭建及安全事件的防范等方面建立完善的解决方案。此外，研究人员可探索多模态技术，以提高 AIGC 的表现力和适用范围。例如，可以将语音、图像和文本信息融合在一起，以产生更加丰富和多样化的内容。

3．技术保密性问题

技术保密性是 AIGC 的首要问题。例如，在与 AIGC 交互的过程中，企业的专有资源被泄露等。如果技术保密性不足，就可能严重影响信息资源的所有者。

技术是 AIGC 发展的核心，加强技术的独立可控性是 AIGC 发展的重要手段。可以在基础大模型阶段开始实施技术标准、业务标准的制定，从起步阶段完善产业链体系的标准化。加强数据归集、算力统筹、算法开源等平台和基础能力建设等；同时，优化 AIGC 的发展环境，通过技术创新、理念创新，进一步适应新的发展环境，提高技术的应用价值，是未来 AIGC 的发展重点。

4．教育问题

AIGC 正在改变教学内容的生成和提供方式。未来，通过人工智能对话产生的内容可能成为知识生产的主要来源之一。这可能会进一步削弱学习者对基于人类创建和验证的资源、教科书和课程教育内容的直接参与。虽然 AIGC 的生成质量不断提高，但仍然存在错误和不准确的问题，并且 AIGC 也可能被用于虚假信息传播、伪造文档等不道德行为。因此，AIGC 生成文本的权威外观可能误导没有足够先验知识的年轻学习者。

政府部门及教育研究机构要深入研究教学、学习、教研等场景的 AIGC 应用边界，围绕教育减负、能力提升、素养培育、个性发展等需求，出台面向不同场景和对象的 AIGC 应用指南，打造智能教育场景应用示范，并强化 AIGC 创作内容的质量审核机制。为了规避 AIGC 教育应用可能会对学习者的人际关系、智力发展和心理健康产生的影响，要坚持 AIGC 教育应用中人的主体性和以人为本的思想观念，更加重视对教育主体数字素养的培养。AIGC 供应商和教育者需要考虑教育 GPT 在多大程度上可以被开发和用于培养创造力、协作能力、批判性思维和其他高阶思维技能。教师要提升人文关怀，将"人"贯穿教育活动的全过程，打破知识传递垄断，将人文、情感和道德教育融入课堂，培养学生人文关怀的能力。

总之，AIGC 领域虽然存在一些问题，但随着技术的不断发展和研究人员的不断努力，这些问题将逐渐得到解决。未来，AIGC 会在各种领域中发挥越来越重要的作用，带来更多的机会和挑战。

【思政课堂】国内人工智能文生图著作权侵权第一案

2023 年 2 月 24 日，原告李某使用人工智能图片生成软件 Stable Diffusion 通过输入提示词的方式生成了古装少女的图片，后将该图片以"春风送来了温柔"为名发布在小红书平台上，并标注为"AI 插画"。但在 3 月 2 日，李某发现被告刘某通过百家号账号发布名为《三月的爱情，在桃花里》的文章，文章里使用了自己先前生成的图片作为插图，并且去除了该图片原有的水印。随后，李某以侵害作品署名权和信息网络传播权为由将刘某起诉到北京互联网法院，要求刘某赔偿其经济损失 5000 元，并赔礼道歉。

2023 年 8 月 24 日，该案件庭审在多个平台直播，累计吸引了 17 万名网友观看，但没有做出判决。该案主要涉及三大争议点：一是"春风送来了温柔"图片是否构成作品，构成何种类型作品；二是李某是否享有涉案图片的著作权；三是被诉行为是否构成侵权行为，刘某是否应当承担法律责任。

在经过了三个多月的等待后，11 月 27 日北京互联网法院对上述案件做出一审判决。法院在判决中认定涉案图片是李某在人工智能生成图片初稿的基础上，通过增加提示词、调整参数等方式，经过智力投入后产出的"智力成果"，该创作过程本质为人利用工具进行创作。

同时，涉案图片是李某通过增加提示词设计出人物和画面元素，并通过参数设置方式对画面不断调整、优化生成的，此过程可以体现出李某的审美选择与个性判断，具备"独创性"。此外，涉案图片属于艺术领域且具有一定表现形式。因此，法院认定涉案图片满足"作品"构成的四要件，是著作权法意义上的"作品"。考虑案件具体情况和侵权情节，法院最终判决刘某向李某赔礼道歉，并向李某赔偿经济损失 500 元。

实际上，若无人工智能元素，这就是最普通、最简单的著作权侵权纠纷。虽然被判赔偿的金额很小，但有了人工智能元素，且国内并无类似的先例，该案件就从一个寻常的民事案件，逐渐演变成"国内人工智能文生图著作权侵权第一案"。在没有先例的情况下，这一判决无疑具有风向标意义。

根据《中华人民共和国著作权法》，著作权确认一般包含三个要素：第一，主张著作权的客体是否具有独创性；第二，是否具有一定的表现形式；第三，是否属于智力成果。AIGC 的出现正在迅速改变科学、艺术和文学作品的创作、传播和消费。未经版权持有人许可，擅自复制、传播或使用受版权保护的作品，侵犯了版权持有人的专有权，可能导致相关违法后果。虽然 AIGC 监管框架要求提供商承认和保护模型使用内容所有者的知识产权，但生成作品的所有权和原创性正变得越来越具有挑战性。这种可追溯性的缺乏引发了人们对保护创作者权利和确保其智力贡献得到公平补偿的担忧，尤其是教育领域需要负责任地使用 AIGC 工具。

（该案来源于北京互联网法院）

5.5　AIGC 的体验

5.5.1　推文的编写

◉ 案例描述

本案例使用文心一言编写一篇关于学生工作室组织人工智能大赛的推文。

文心一言是百度全新一代知识增强大语言模型，文心大模型家族的新成员，能够与人对话互动、回答问题、协助创作，高效、便捷地帮助人们获取信息、知识和灵感。文心一言从数万亿数据和数千亿知识中融合学习，得到预训练大模型，在此基础上采用有监督精调、人类反馈强化学习、提示等技术，具备知识增强、检索增强和对话增强的技术优势。

在 2023 年 3 月 16 日文心一言的新闻发布会上，百度创始人、董事长兼首席执行官李彦宏及百度首席技术官、深度学习技术及应用国家工程研究中心主任王海峰展示了文心一言在文学创作、商业文案创作、数理推算、中文理解、多模态生成 5 个使用场景中的综合能力。

1．文学创作

文心一言根据对话问题对知名科幻小说《三体》的核心内容进行了总结，并提出了 5 个续写《三体》的建议角度，体现出对话问答、总结分析、内容创作生成的综合能力。此外，文心一言准确回答了《三体》作者、电视剧角色扮演者等事实性问题。AIGC 在回答寻实性问题时常常"胡编乱造"，而文心一言延续了百度知识增强的大模型理念，大幅度提升了事实性问题的准确率。面对"于和伟和张鲁一有哪些共同点""于和伟和张鲁一谁更高"这类问题，文心一言也基于推理能力得出了正确答案。

2．商业文案创作

文心一言顺利完成了给公司起名、写标语、写新闻稿的创作任务。在连续三次的内容创作生成中，文心一言既能准确理解人类意图，又能清晰地表达，这是基于庞大数据规模而发生的"智能涌现"。

3．数理推算

文心一言还具备一定的思维能力，能够学会数学推演及逻辑推理等相对复杂的任务。面对"鸡兔同笼"这类锻炼人类逻辑思维的经典题，文心一言能理解题意，并有正确的解题思路，进而像学生做题一样，按正确的步骤，一步步算出正确答案。

4．中文理解

作为扎根于中国市场的大语言模型，文心一言具备中文领域最先进的自然语言处理能力，在中文和中国文化上有更好的表现。在现场展示中，文心一言正确解释了成语"洛阳纸贵"的含义、"洛阳纸贵"对应的经济学理论，还用"洛阳纸贵"四个字创作了一首藏头诗。

5．多模态生成

百度创始人、董事长兼首席执行官李彦宏现场展示了文心一言生成文本、图像、语音和视频的能力。文心一言甚至能够生成四川话等方言语音。

2023 年 8 月 31 日，文心一言率先向全社会全面开放。开放首日，文心一言共计回复网友超 3342 万个问题。2023 年 12 月 28 日，百度首席技术官王海峰在第十届 WAVE SUMMIT 深度学习开发者大会上宣布文心一言用户规模已突破 1 亿。

◆ 案例实现

步骤 1：打开文心一言主页面，如图 5-7 所示。

注意：如果是首次进入，则主页面中的"新建对话"按钮显示为灰色，不可用。

图 5-7 文心一言主页面

步骤 2：在如图 5-7 所示的文心一言主页面左侧单击"新建对话"按钮，在主页面右侧下方文本框内输入"写一篇人工智能工作室组织竞赛的推文"，单击右下角图标 生成推文样文，如图 5-8 所示。

注意：如果是首次进入，则无须单击"新建对话"按钮，直接在主界面右侧下方文本框中输入提示词即可。

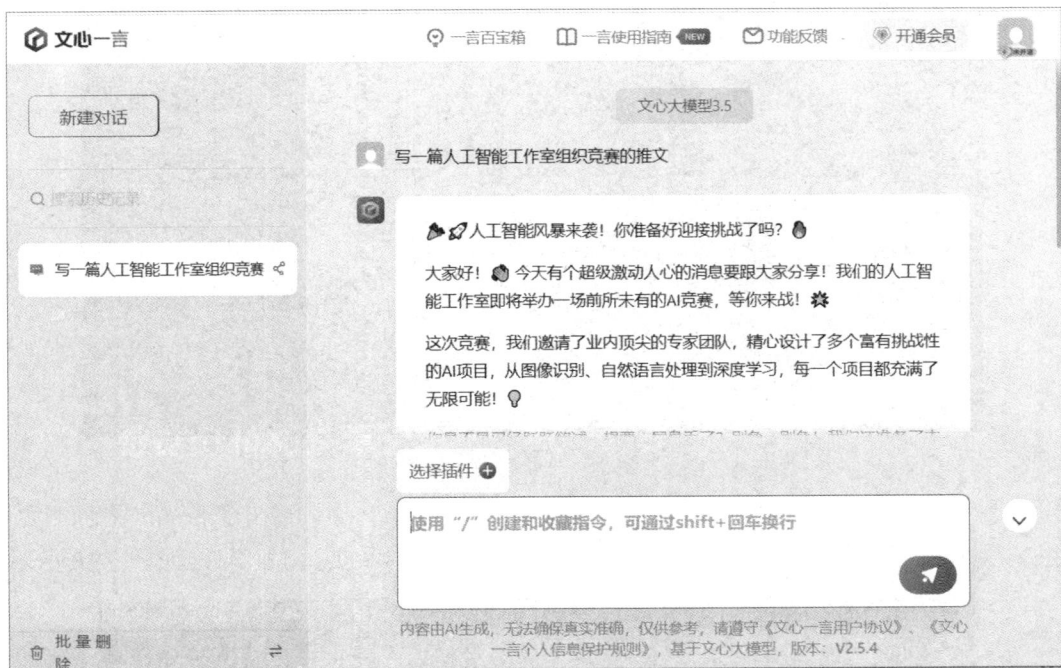

图 5-8　文心一言生成推文

5.5.2　AI 作画

◆ 案例描述

本案例使用通义万相生成一幅画作。

通义万相是阿里云通义系列 AI 绘画创作大模型，该模型可辅助人类进行图像创作，于 2023 年 7 月 7 日正式上线。通义万相可通过对配色、布局、风格等图像设计元素进行拆解和组合，提供高度可控性和极大自由度的图像生成效果。

◆ 案例实现

1. 新手教程

步骤 1-1：打开通义万相主页面，如图 5-9 所示。

图 5-9　通义万相主页面

　　步骤 1-2：在如图 5-9 所示的页面中单击"新手教程"按钮，给出了 promp 提示词咒语『主体+主体描述+风格描述』。例如：小猫，在洗衣机里对我笑，插画风，如图 5-10 所示。

图 5-10　promp 提示词咒语

2．创意画作

步骤 2-1：在如图 5-9 所示的页面中单击"创意作画"按钮，要求进行登录，输入手机号码、获取验证码并输入，勾选"登录即视为您已阅读并同意服务条款、隐私风险"复选框，单击"登录"按钮进入创意作画页面，如图 5-11 所示，在左侧选择图像生成方式、输入提示词、选择咒语等，右侧显示生成的图像。

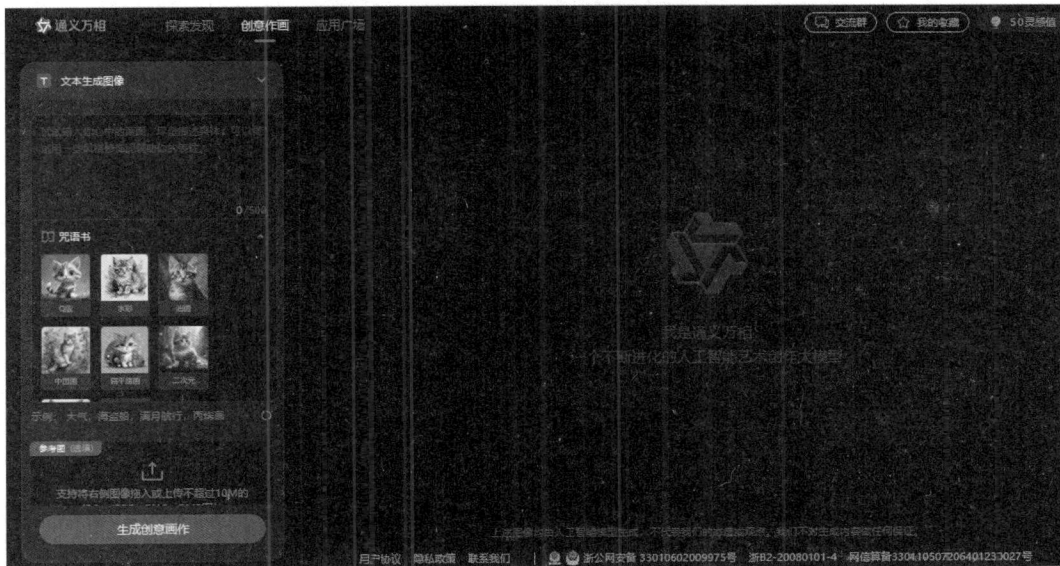

图 5-11　创意作画页面

步骤 2-2：在图 5-11 左侧上方可选择图像生成方式，包括"文本生成图像""相似图像生成""图像风格迁移"，在此案例中选择"文本生成图像"选项，如图 5-12 所示。

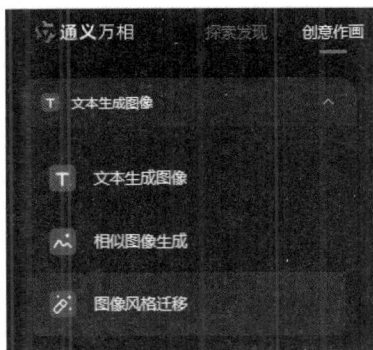

图 5-12　图像生成方式

步骤 2-3：在图 5-11 左侧文本框内输入提示词"女大学生，在图书馆聚精会神地看书"，如图 5-13 所示，单击"生成创意画作"按钮，几秒钟后在右侧显示生成的 4 张图像，如图 5-14 所示。

注意：不同人和时间生成的图像有所不同，案例中的图像仅供参考。

图 5-13　输入提示词

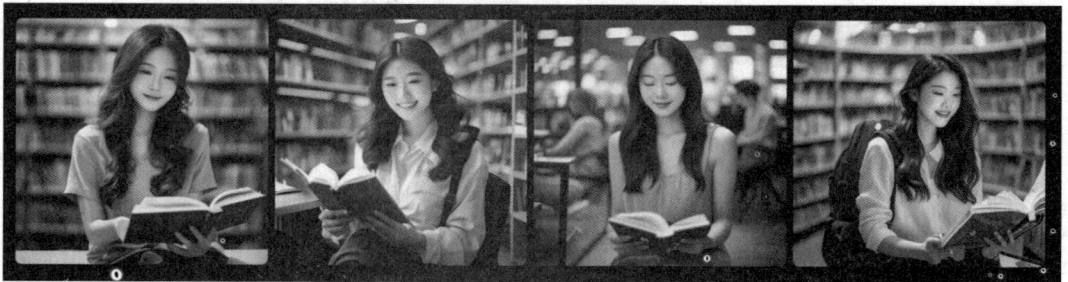

图 5-14　输入提示词生成图像

步骤 2-4：在如图 5-13 所示页面中修改提示词，增加一句"阳光透过窗户"，单击"生成创意画作"按钮，重新生成 4 张图像，如图 5-15 所示。

图 5-15　修改提示词生成图像

步骤 2-5：在咒语书中执行"更多咒语"→"彩铅"命令，如图 5-16 所示，单击"生成创意画作"按钮，重新生成 4 张图像，如图 5-17 所示。

图 5-16　选择咒语

图 5-17　选择咒语生成图像

5.6　本章总结

1．AIGC 是一种人工智能技术，用于自动生成内容，该内容在很大程度上类似通过训练数据学到的内容分布。AIGC 专注于创造新的、富有创意的数据。

2. AIGC 的迅速发展得益于 3 个关键领域的人工智能技术，即生成算法、预训练模型和多模态技术。

3. 大语言模型是一种基于机器学习和自然语言处理的模型，它通过对大量文本数据进行训练，学习服务人类语言理解和生成的能力。

4. 现阶段国内 AIGC 多以单模型应用的形式出现，主要分为文本生成、图像生成、视频生成、语音生成。其中，文本生成是其他内容生成的基础。

5. 国内外主流的 AI 大模型有 OpenAI 的 GPT 大模型、百度的文心大模型、科大讯飞的讯飞星火认知大模型、阿里云的通义大模型等。

6. 日益复杂的 AIGC 的应用将引发更多的伦理与安全问题，需要"建立稳定、持久的 AIGC 法律框架"。

本章习题

一、选择题

1. AIGC 代表（　　）。

    A. 人工智能生成内容   B. 人工智能创造内容

    C. 人工智能生产内容   D. 人工智能控制内容

2. （　　）不是 AIGC 的优点。

    A. 提高内容创作的效率   B. 提高人类的创造力

    C. 取代人类进行内容创作   D. 丰富内容创作的多样性

3. AIGC 的主要应用领域有（　　）。

    A. 新闻报道   B. 艺术设计   C. 音乐创作   D. 以上都是

4. AIGC 主要利用（　　）技术来生成内容。

    A. 机器学习   B. 自然语言处理   C. 计算机视觉   D. 以上所有

5. 大语言模型的核心思想是通过大规模的（　　）训练来学习自然语言的模式和结构。

    A. 有监督   B. 半监督   C. 无监督   D. 强化

6. 自然语言处理的英文缩写是（　　）。

    A. NLG   B. NLU   C. NLP   D. ML

7. 在文本预处理中，"去停用词"操作的目的是（　　）。

    A. 去掉对分类任务没有效果的词

    B. 将文本分成单个的词语

    C. 将某一类数据归一化为某一标签

    D. 将文本中的词汇按词性进行分类并标注

8. 文心大模型的核心特色是（ ）。

    A．参数量大   B．知识增强   C．训练复杂   D．泛化能力强

9. 自然语言理解是所有支持计算机理解文本内容的方法的总称，（ ）不是自然语言理解的主要任务。

    A．文本分类   B．词法分析   C．实体分割   D．语义分析

10. 在自然语言处理中，卷积神经网络的作用是（ ）。

    A．处理时间序列，可以对一个不定长的句子进行编码，描述句子的信息

    B．计算隐层的状态

    C．特征提取，通常将词向量拼接后使用卷积神经网络，在关系提取中有很多应用

    D．预测下一个词或下一个句子出现的概率

二、简答题

1. 简述 AIGC 的工作原理。

2. 分析 AIGC 对内容创作行业可能产生的正面和负面影响。

3. 讨论 AIGC 的发展趋势和可能的应用领域。

第6章

6 人工智能应用开发环境及工具

- 了解人工智能应用开发环境。
- 掌握人工智能应用开发工具。

6.1 开发环境

人工智能开发
环境与工具

6.1.1 PyCharm

PyCharm 是面向专业开发者的 Python IDE（Integrated Development Environment，集成开发环境），带有一整套如测试、语法高亮、项目管理、代码跳转、智能提示、自动完成、单元测试、版本控制等功能，可以帮助用户在使用 Python 开发时提高其效率。此外，PyCharm 还提供了一些高级功能，用于支持 Diango 框架下的专业 Web 开发。

1. PyCharm 的下载

登录 PyCharm 官网下载安装包。PyCharm 安装包有 Windows、macOS、Linux 等跨平台版本。这里以 Window 版本为例，如图 6-1 所示，单击 "Download" 按钮，下载 PyCharm Professional 安装包。

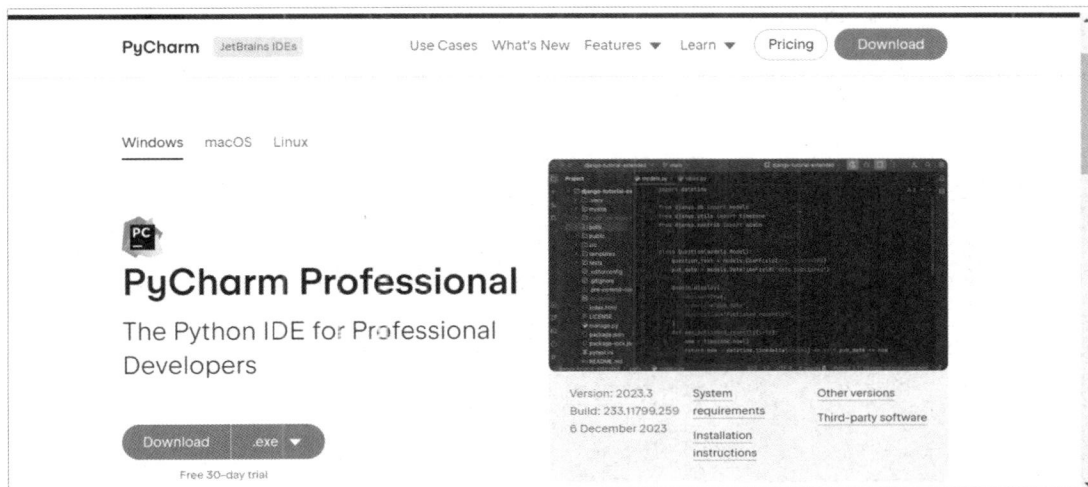

图 6-1　PyCharm 安装包下载页面

下载完成后，会产生一个 PyCharm Professional 2023.3.exe 文件。

2．PyCharm 的安装与启动

1）PyCharm 的安装

双击"PyCharm Professional 2023.3.exe"文件，按照屏幕上的指示进行操作，包括选择安装位置、创建桌面快捷方式、更新环境变量等，如图 6-2 所示。

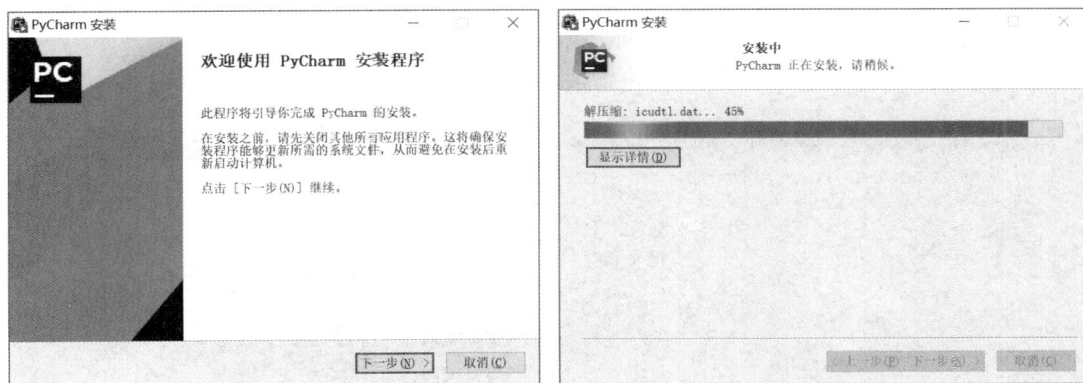

图 6-2　PyCharm 安装页面

2）PyCharm 的启动

双击桌面上的图标或快捷方式打开 PyCharm。首次使用时，可能需要同意用户协议。创建新的 Python 项目，并在项目中选择已安装的 Python 解释器。图 6-3 所示为 PyCharm 的工作页面。可以对 PyCharm 的外观和行为进行个性化设置，如调整字体大小、主题色等。

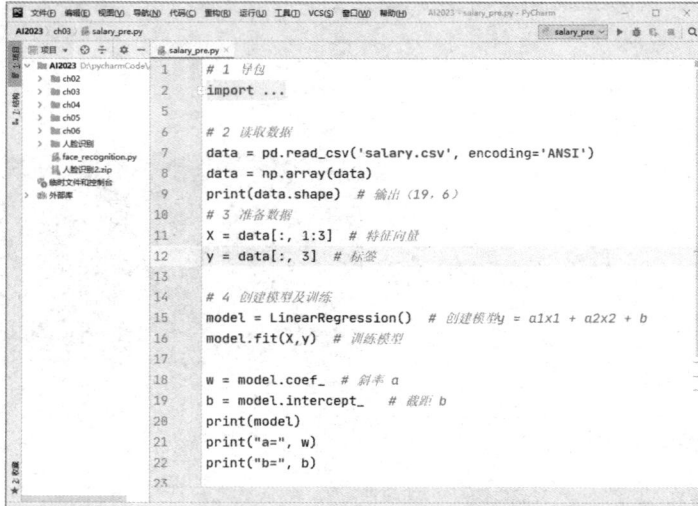

图 6-3　PyCharm 的工作页面

6.1.2　Anaconda

Anaconda 是一个开源的 Python 发行版本，其包含 conda、Python 等 180 多个科学包及其依赖项。

1. Anaconda 的下载

登录 Anaconda 官网下载安装包，如图 6-4 所示。

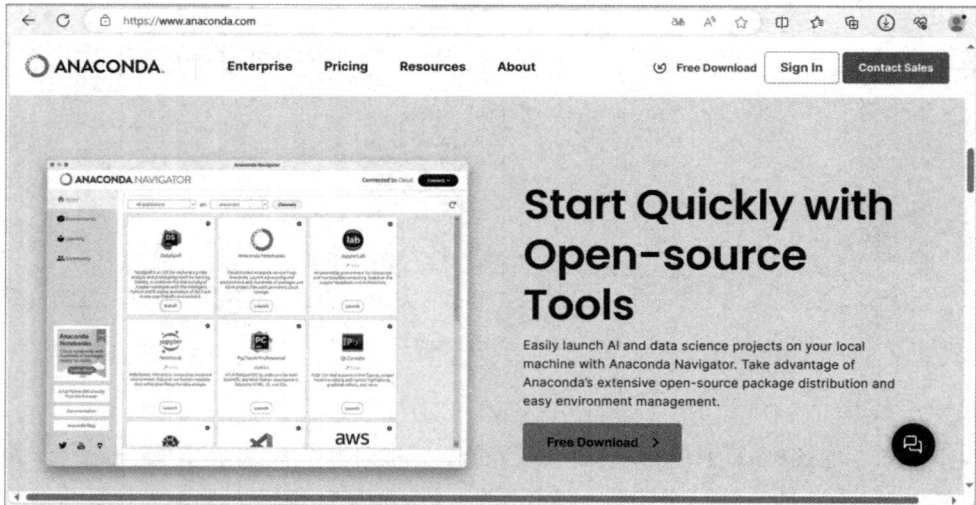

图 6-4　Anaconda 官网

Anaconda 是跨平台的，有 Windows、macOS、Linux 等版本。这里以 Windows 版本为例，下载安装 64 位安装包（64-Bit Graphical Installer）。

2. Anaconda 的安装和启动

1）Anaconda 的安装

双击 Anaconda 安装包，按照图 6-5 所示的操作完成安装。

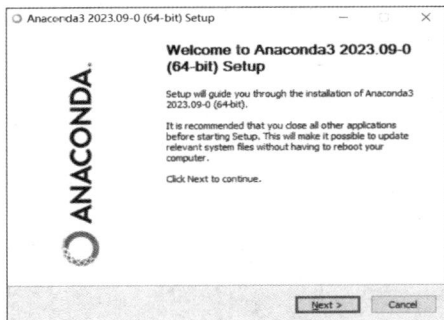

图 6-5 Anaconda 安装页面

2）Anaconda 的启动

单击 Windows 的"开始"菜单，找到"Anaconda3(64-bit)"文件夹，选择"Anaconda Navigator"选项，如图 6-6 所示。

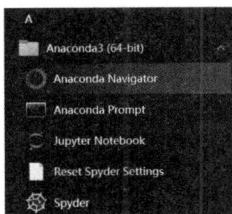

图 6-6 Anaconda Navigator 启动页面

启动 Anaconda Navigator 后，可以看到 Anaconda 内置的工具，包括 Jupter Notebook、PyCharm Professional、Powershell Prompt 等，如图 6-7 所示。通过"Environments"可以新建或管理开发环境。

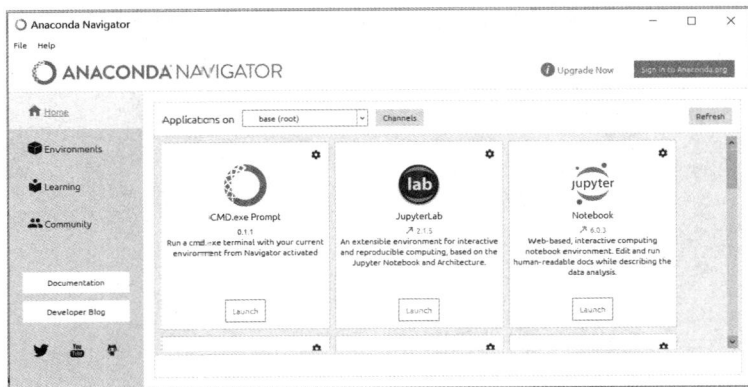

图 6-7 Anaconda Navigator 应用页面

3．Jupyter Notebook 的使用

Jupyter Notebook 是一个基于网页的用于交互计算的应用程序。它能让用户把说明文本、数学公式、代码和可视化内容等全部组合到一个易于共享的文档中，便于研究和教学。广泛应用于数据处理、统计建模、构建和训练机器学习模型、可视化数据等领域。

Jupyter Notebook 提供了两种不同的键盘输入模式：命令模式和编辑模式。命令模式将键盘与 Jupyter Notebook 命令绑定，以蓝色单元格边框表示；编辑模式允许将文本或代码输入活动单元格，以绿色单元格边框表示。

1）Jupyter Notebook 的启动

在 Anaconda Navigator 中启动 Jupyter Notebook 有以下 3 种方式。

① 单击 Jupyter Notebook 中的"launch"按钮。

② 执行"开始"→"Anaconda3(64-bit)"→"Jupyter Notebook"命令。

③ 在 Anaconda Prompt 终端输入"Jupyter Notebook"。

2）在 Jupyter Notebook 中建立 Python 文件

启动 Jupyter Notebook 后，单击右上角的"New"按钮，在弹出的下拉菜单中选择"Python 3"选项，如图 6-8 所示。

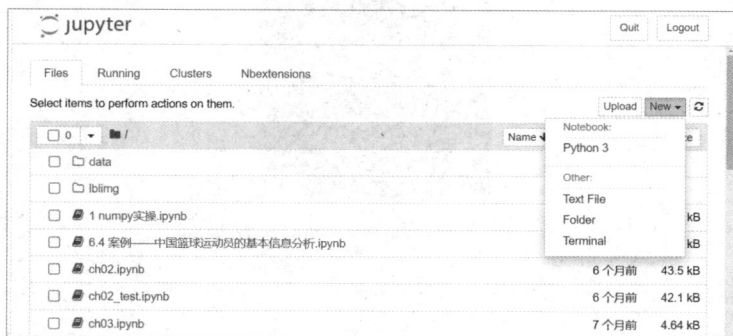

图 6-8　在 Jupyter Notebook 中建立 Python 文件

浏览器会新建一个 Python 3 文件，并跳转到该页面。按下"Enter"键，输入一行代码，按下"Shift+Enter"键运行程序，运行结果直接显示在单元格下面，光标自动进入下一个单元格，如图 6-9 所示。

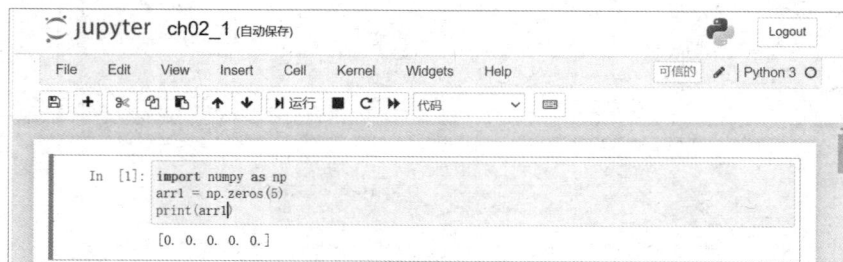

图 6-9　Jupyter Notebook 代码编辑页面

Jupyter Notebook 操作页面提供了菜单栏和对应的功能按钮,还提供了很多方便的快捷键。大家可以尝试使用,感受方便快捷的操作。

6.1.3　Python 第三方库的安装

Python 之所以成为最流行的语言之一,除了它的简单易学和语法简单,还有一个重要的原因是 Python 有非常强大的第三方库。第三方库不是官方的内置库,而是由社区大量的开发者提供的,据统计目前第三方库的类型已经超过十多万种。

第三方库的安装有 3 种方式:pip 安装、自定义安装、文件安装。pip 安装是最常用的一种安装方式,使用的前提条件是计算机必须处于联网状态。pip 命令是 Python 的内置命令,需要在 Windows 命令提示符窗口或 Linux、macOS 操作系统的终端运行。执行 pip -h 命令可以查看 pip 常用的子命令,如图 6-10 所示。

```
pip install 包名              # 安装第三方库
pip install --upgrade 包名    # 升级第三方库
pip uninstall 包名            # 卸载已安装的第三方库
pip list                      # 列出已安装的第三方库的列表
pip show 包名                 # 显示已安装的第三方库的信息
pip download 包名             # 下载第三方库,但是不安装
```

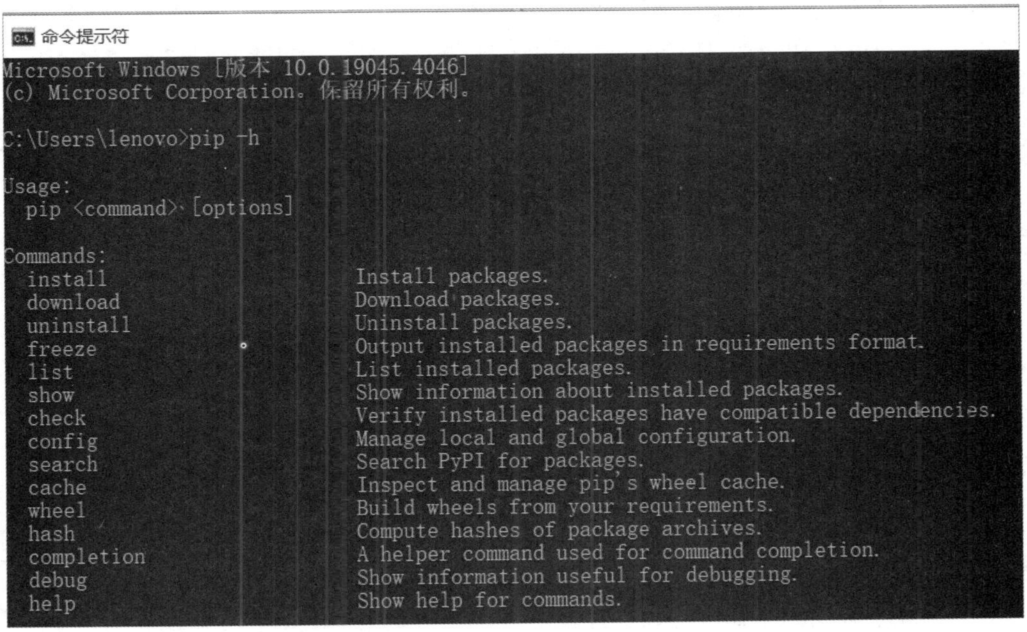

```
Microsoft Windows [版本 10.0.19045.4046]
(c) Microsoft Corporation。保留所有权利。

C:\Users\lenovo>pip -h

Usage:
  pip <command> [options]

Commands:
  install                     Install packages.
  download                    Download packages.
  uninstall                   Uninstall packages.
  freeze                      Output installed packages in requirements format.
  list                        List installed packages.
  show                        Show information about installed packages.
  check                       Verify installed packages have compatible dependencies.
  config                      Manage local and global configuration.
  search                      Search PyPI for packages.
  cache                       Inspect and manage pip's wheel cache.
  wheel                       Build wheels from your requirements.
  hash                        Compute hashes of package archives.
  completion                  A helper command used for command completion.
  debug                       Show information useful for debugging.
  help                        Show help for commands.
```

图 6-10　pip 子命令

例如,pyinstaller 库可以将 Python 程序打包成可执行文件。安装 pyinstaller 库时使用如下命令。

```
pip install pyinstaller
```

安装成功如图 6-11 所示。

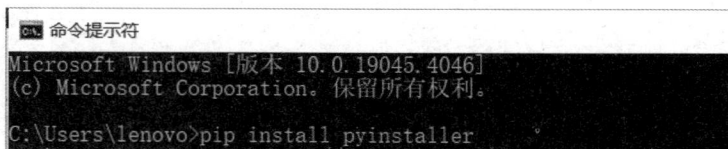

图 6-11　安装 pyinstaller 库成功

如果安装失败或比较慢，则可尝试使用指定下载源安装方式或离线安装方式。

（1）指定下载源。

通过参数 i 指定相应的下载源，如需通过清华大学开源软件镜像站安装 opencv 库，则可执行以下命令。

```
pip install opencv-python -i https://pypi.tuna.tsing***.edu.cn/simple/
```

（2）下载 whl 文件到本地离线安装。

进入第三方库下载网站，如图 6-12 所示，此网站集中了常用第三方库的下载链接。

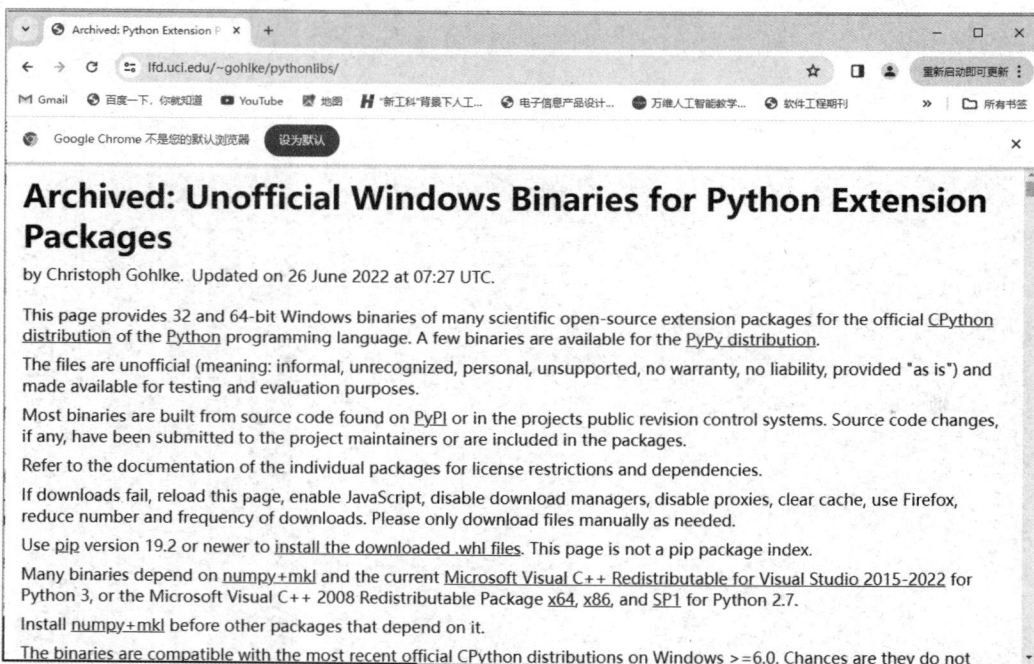

图 6-12　第三方库下载网站

根据操作系统和 Python 解释器的版本选择需要下载的第三方库，直接单击链接进行下载。将下载好的 whl 文件保存到 Python 安装目录\Lib\site-packages 中，在该文件夹的地址栏中输入 cmd 命令，打开 cmd 窗口，如图 6-13 所示。

图 6-13　保存 whl 文件

在 cmd 窗口中输入 pip install whl 文件名即可进行安装，如图 6-14 所示。

图 6-14　离线安装 whl 文件

注意：在安装包之前要安装它所依赖的一些库，否则会报错。在对某一个库进行更新之后，一定要注意同时更新它所依赖的库，否则会出现错误。

6.2　常用开发工具

6.2.1　数据采集工具——八爪鱼

八爪鱼（网页数据采集器）是深圳数阔信息技术有限公司研发的一款业界领先的网页采集软件，它使用简单、功能强大、全网通用，完全模拟人浏览网页的行为，通过简单的页面点选，生成自动化的采集流程，从而将网页数据转换为结构化数据，存储于 Excel 或数据库中。它提供基于云计算的大数据云采集解决方案，实现数据采集，是数据一键采集平台。

1．八爪鱼的下载

登录"数阔"官方网站，如图 6-15 所示，单击"立即下载"按钮。

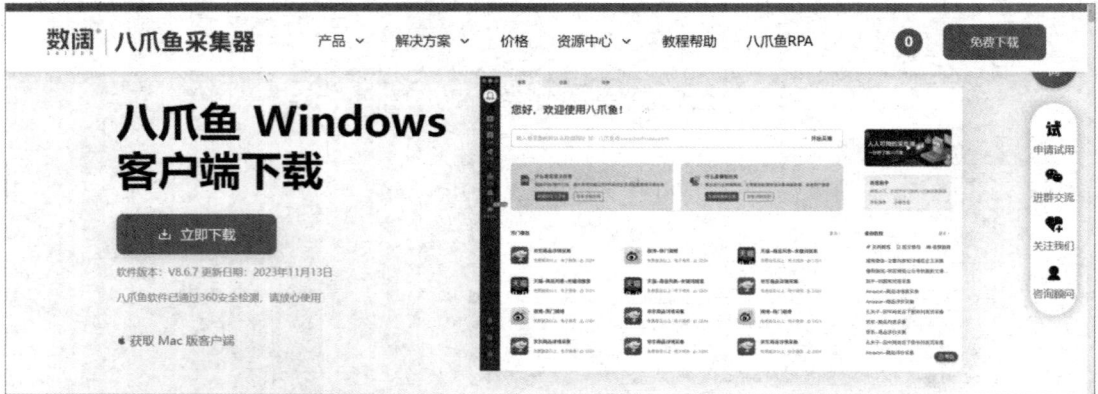

图 6-15　八爪鱼 Windows 客户端下载页面

2．八爪鱼的使用

运行八爪鱼程序，得到如图 6-16 所示的操作页面。

图 6-16　八爪鱼操作页面

采集数据的第一步永远是找到目标网址并输入，这跟通过普通浏览器访问网页完全一样。例如，要对中国知网文献详情进行采集，选择图 6-16 中的"中国知网文献详情采集"选项，打开中国知网文献详情采集页面，如图 6-17 所示。可以选择"本地/云采集"采集方式，查看"使用方法"，单击"立即使用"按钮完成"通过关键词检索，采集中国知网下的文献名称、作者、发布时间、来源等一系列字段信息"。

图 6-17　中国知网文献详情采集页面

6.2.2　数据分析和共享工具——Power BI

Power BI 是微软推出的数据分析和可视化工具，是一套商业分析工具，可连接数百个数据源、简化数据准备并提供即席分析。支持各种本地 Excel、CSV、文件夹等，支持 Oracel、MySQL 等各类数据库，支持由表格构成前端的 Web 等。可以从各种数据源中提取数据，并对数据进行整理分析，生成精美的图表，并且可以在电脑端和移动端与他人共享。带你体验零代码的数据分析及可视化。

Power BI 包含桌面版 Power BI Desktop、在线 Power BI 服务和移动端 Power BI 应用，我们学习的时候使用 Power BI Desktop 已足够，这个是 Power BI 的精髓技能，并且完全免费。

1．Power BI Desktop 的下载

登录微软 Power BI 官网，如图 6-18 所示，执行"产品"→"Power BI"→"桌面"命令，打开 Power BI Desktop 下载页面，如图 6-19 所示，单击"免费下载"按钮。

2．Power BI Desktop 的安装

双击 Power BI Desktop(X64)安装文件，选择语言为简体中文，按照安装向导进行操作，就可以完成安装。

3．Power BI Desktop 的使用

执行"开始"→"程序"→"Power BI"命令或双击 Power BI 图标，打开如图 6-20 所示的页面。

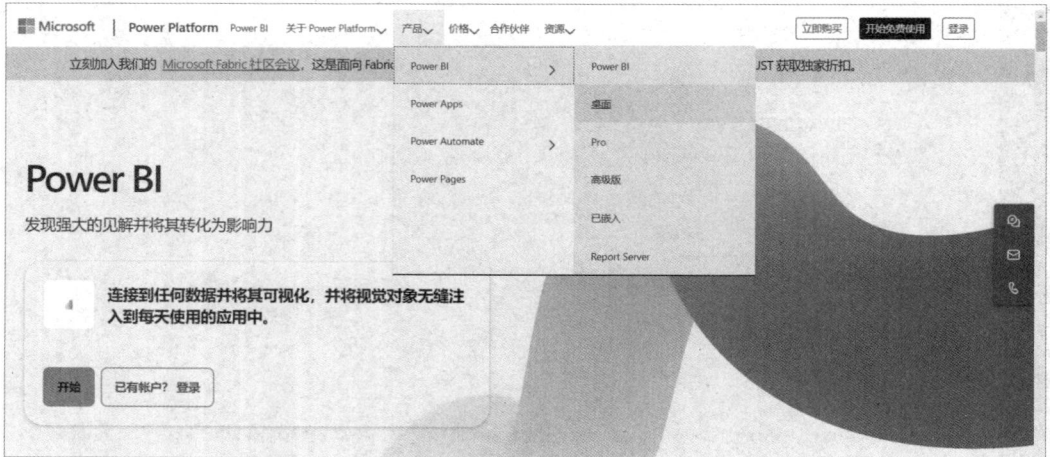

图 6-18 微软 Power BI 官网

图 6-19 Power BI Desktop 下载页面

图 6-20 Power BI Desktop 页面

关闭如图 6-20 所示的页面，打开如图 6-21 所示的 Power BI 软件操作页面。

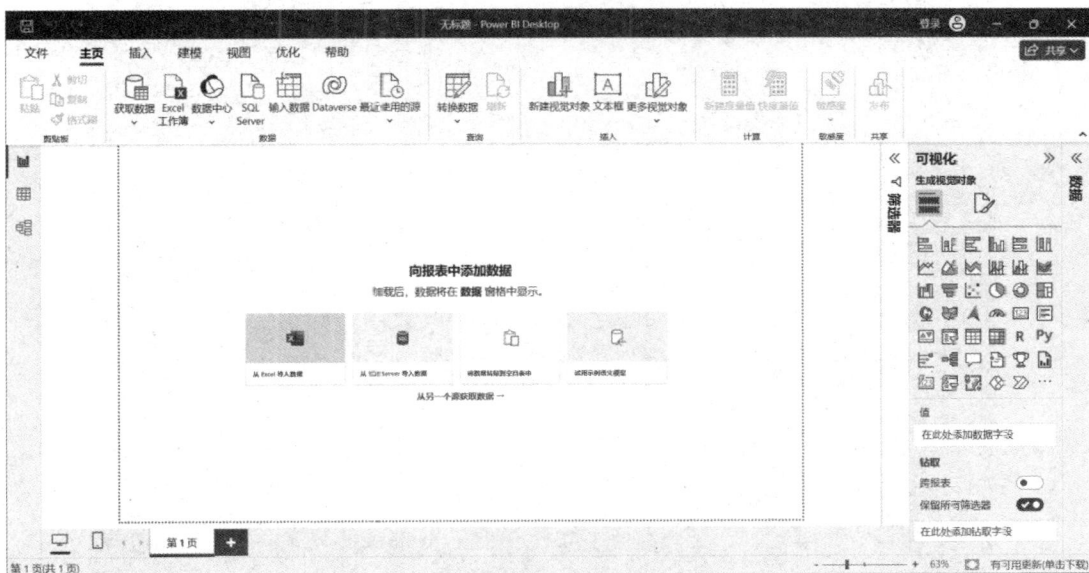

图 6-21　Power BI 软件操作页面

使用 Power BI 就可以完成数据的获取、清洗、建模及可视化展示。另外，Power BI 还包括一个报表生成器，用于创建需要在 Power BI 服务中分享的分页报表。

6.2.3　页面设计工具——Qt Designer

Qt Designer 即 Qt 设计师，是 Qt 项目开发的可视化图形页面编辑器。

由于使用 Python 设计 GUI 页面时，使用纯代码进行 GUI 设计不太直观便捷，于是 PYQT 和 PySide 提供了一个统一的工具 Qt Designer 来辅助设计。

通过 Qt Designer 可以很方便地创建图像页面文件 ui，将 ui 文件应用到源代码中，做到所见即所得，让页面的设计变得简单易操作。

1．Qt Designer 的安装

Qt Designer 有多种安装方式，这里介绍 3 种。

第一种方式：如果已经安装了 PyCharm，则可以直接在设置中安装 Qt Designer。

（1）打开 PyCharm，执行"File"→"Settings"→"Project"→"PythonInterpreter"命令，打开如图 6-22 所示的操作页面。

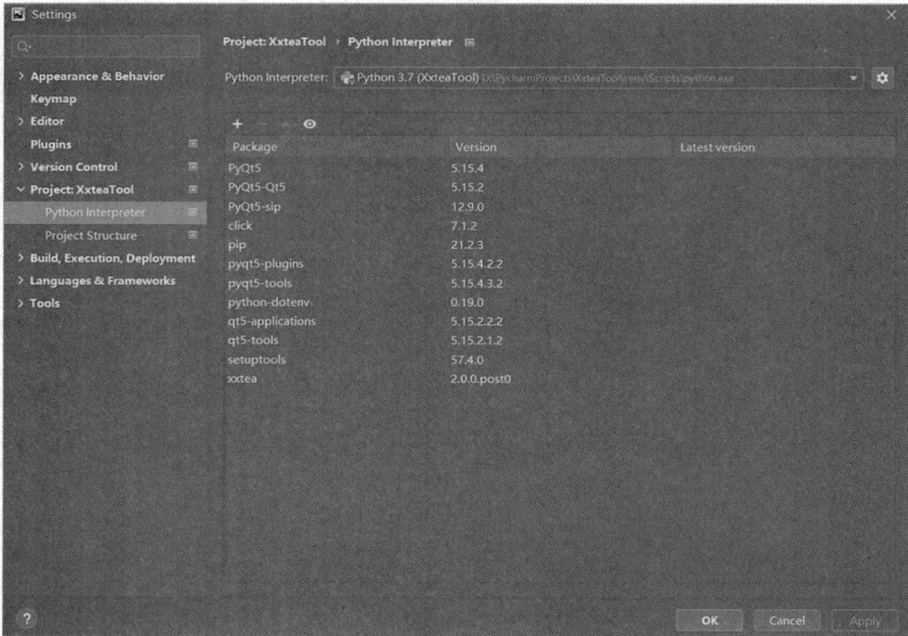

图 6-22　项目解释器操作页面

（2）单击图 6-22 中 Python Interpreter 编辑区域右上角的 "+" 按钮，打开可用包页面，在页面上方的搜索框中分别搜索 PyQt5、PyQt5-tools，如图 6-23 所示。

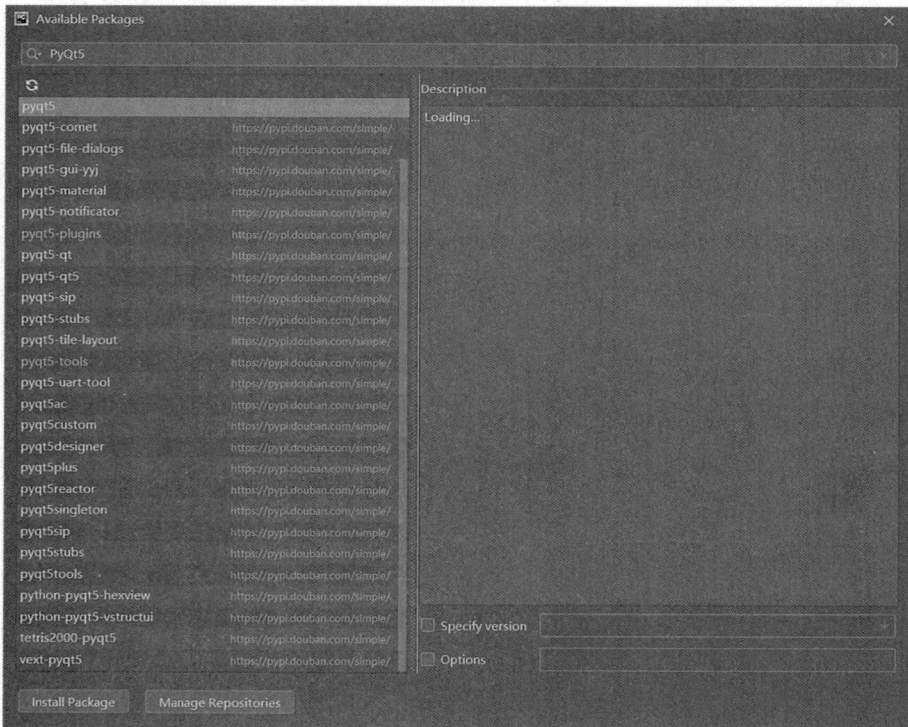

图 6-23　搜索 PyQt5 和 PyQt5-tools

（3）在图 6-23 中单击左下角的"Install Packages"按钮，安装 PyQt5 和 PyQt5-tools，如图 6-24 所示。

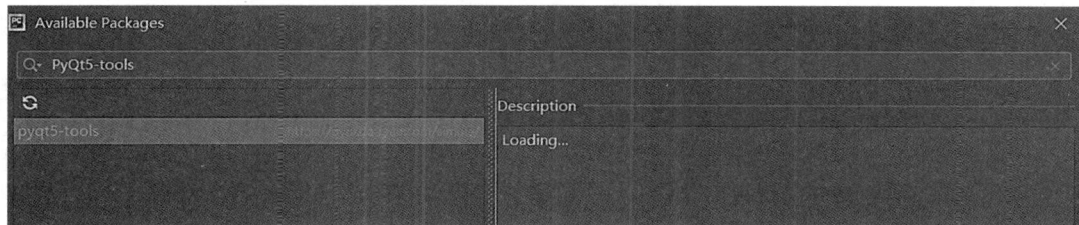

图 6-24　安装 PyQt5 和 PyQt5-tools

（4）安装成功。

第二种方式：在终端命令窗口中使用 pip 命令安装。

（1）安装 PyQt5：pip install PyQt5 -i https://pypi.dou***.com/simple。

（2）安装 PyQt5-tools：pip install PyQt5-tools -i https://pypi.dou***.com/simple。

（3）安装成功后，可以通过命令行启动 Python Qt Designer:designer。

第三种方式：在 Windows 操作系统下，运行 Python 安装目录下的 Scripts\pyside2-designer.exe 文件。按照屏幕上的指示进行操作，如图 6-29 所示，一步步完成安装。

图 6-25　Qt Designer 安装向导

2．添加 PyUIC

PyUIC 是一种 Python GUI 应用程序的用户页面代码生成器，可以将 Qt Designer UI 文件生成 Python 源代码。PyUIC 生成的 Python 源代码是基于 Qt 的 PyQt 和 PySide 库。它可以方便地与其他 Python 库集成，如 NumPy、matplotlib 等。PyUIC 生成的代码易于阅读和修改，可以方便地定制应用程序的用户页面。

添加 PyUIC 的方法与添加 Qt Designer 类似，可以将 PyUIC 添加到 PyCharm 中。

3．Qt Designer 的启动

（1）查看 Qt Designer 的启动文件安装位置。

安装成功后，可以查看 Qt Designer 的启动文件安装位置，在 \Lib\site-packages\qt5_applications\Qt\bin（Python 安装路径）下有 designer.exe 文件。

（2）双击 designer.exe 文件即可启动 Qt Designer，如图 6-26 所示。

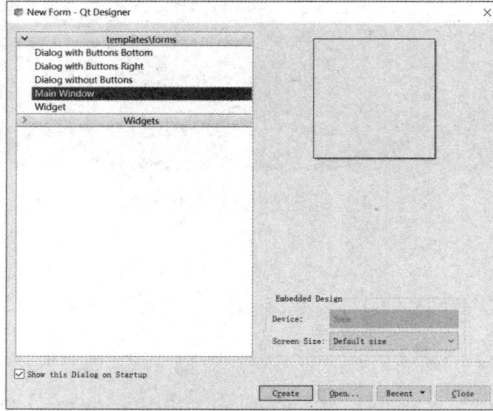

图 6-26　Qt Designer 工作页面

3．Qt Designer 的使用

（1）Qt Designer 编辑 UI。

启动 Qt Designer 后，会默认弹出新建窗体的对话框。该对话框提供了 5 种窗体的类型模板，其中前 3 个都是对话框窗口，分别为"Dialog with Buttons Bottom""Dialog with Buttons Right""Dialog without Buttons"；第 4 个是"Main Window"主窗口页面，主窗口功能最为丰富，有菜单栏、工具栏、状态栏、中央部件，并且可以添加停靠/浮动窗口；第 5 个是最简单的通用"Widget"页面。

选择图 6-26 中的"Main Window"选项，单击"Create"按钮，打开如图 6-27 所示的主窗口设计页面。

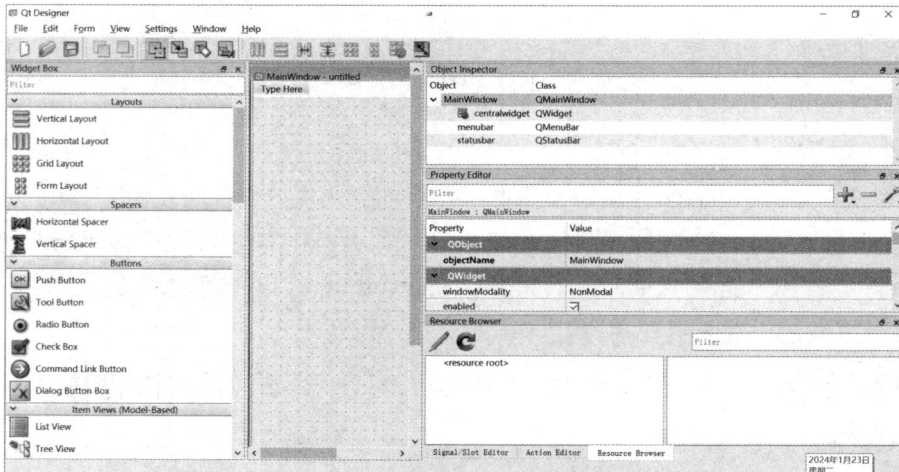

图 6-27　主窗口设计页面

Qt Designer 左侧的 "Widget Box" 是控件工具箱，包含丰富的可拖曳 Qt 控件。中间部分带有点阵标识的窗体就是我们新建的页面窗体。右侧是 3 个工具箱窗口：对象查看器用于记录当前窗体里面有哪些控件，每个控件的名称和类名都会列出来，可以看到默认的控件是 Form，它的类名是 QWidget；属性编辑器用于编辑窗体或控件的属性，如对象名称、窗口标题、窗口大小等；第 3 个工具箱窗口比较复杂，它是选项卡式的，有 "资源浏览器" "动作编辑器" "信号/槽编辑器" 3 个选项卡。如果感兴趣，可以尝试使用 Qt Designer 编辑一个页面友好的 UI。

（2）创建 UI 文件，文件名为 ui。

可以尝试使用 Qt Designer 创建一个 test_dialig.ui 文件。通过添加控件、编辑属性、调整布局、设置样式、保存文件等操作，完成测试对话框的制作，如图 6-28 所示。

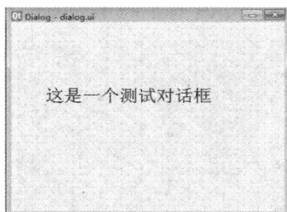

图 6-28 制作测试对话框

（3）将 UI 文件转换为 Python 代码并显示。

Qt Designer 设计好的 UI 文件可以通过 PyQt 或 PySide 中的 UIC 模块转换为 Python 代码，从而可以在 Python 程序中使用。

使用 UIC 将 UI 文件转换为 Python 代码有以下 2 种方法。

方法一：在 PyCharm 中右击 UI 文件（test_dialig.ui），在弹出的快捷菜单中选择 "External Tools" 选项，单击 "PyUIC" 按钮。

方法二：进入 Qt 命令行，输入 uic test_dialig.py -o test_dialig.ui。

6.2.4 数据标注工具——LabelImg

LabelImg（也叫打标签）是一个开源的图形图像注释工具，是目标检测领域最常使用的数据标注工具之一。它是用 Python 编写的，图形页面使用 PyQt，注释采用 Pascal VOC 格式，并保存为 xml 文件。

1. LabelImg 的安装

在 Windows 10 操作系统下使用 Anaconda 安装 LabelImg，步骤如下。

（1）打开 Anaconda Prompt，输入如下。

```
conda create --name=labelImg python=3.7
```

这里可根据本机安装的 Python 版本进行修改，如图 6-29 所示，创建一个新环境来安装 LabelImg。

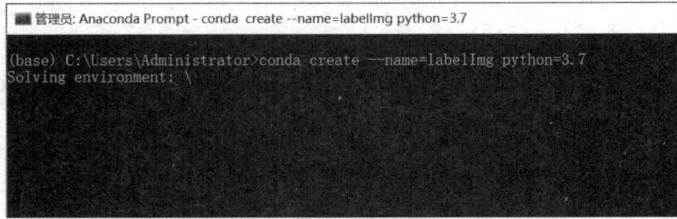

图 6-29　创建新环境

（2）输入命令 conda activate labelImg，激活环境。

（3）输入命令 pip install labelImg，安装 LabelImg，如图 6-30 所示。

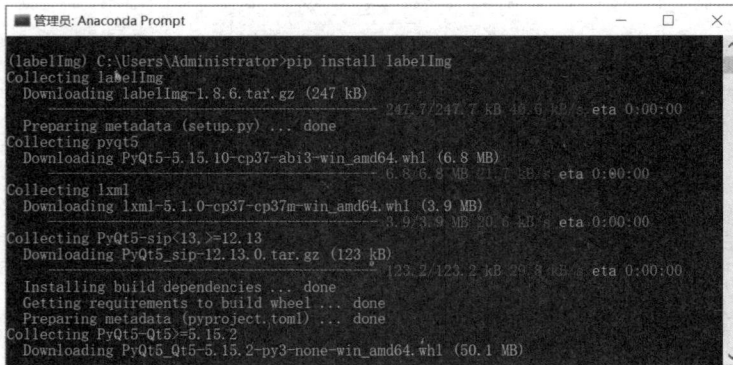

图 6-30　安装 LabelImg

（4）输入命令 labelImg，打开 LabelImg，其软件页面如图 6-31 所示。

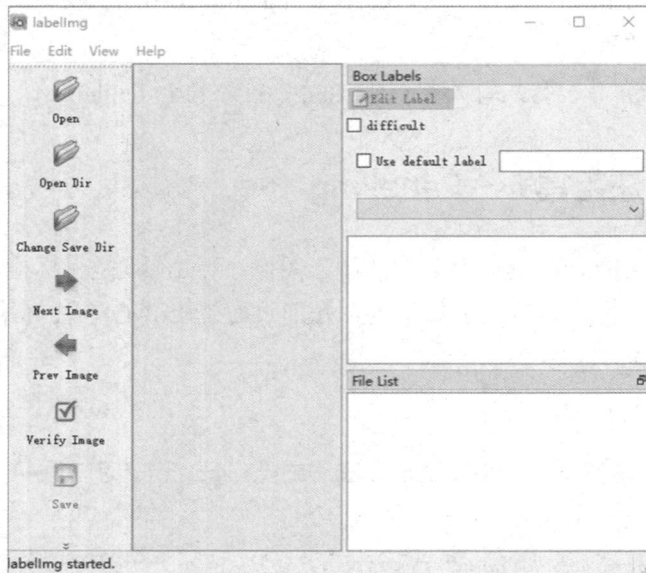

图 6-31　LabelImg 软件页面

2．LabelImg 的使用

打开 LabelImg 后，首先在"Open Dir"中选择并打开待标注的图像数据所在的文件夹，然后在"Change Save Dir"中设置标注文件所要保存到的文件夹。

Open Dir：待标注图像数据的路径文件夹。

Change Save Dir：保存类别标签的路径文件夹。

标签格式：VOC 标签格式，保存为 xml 文件；yolo 标签格式，保存为 txt 文件；createML 标签格式，保存为 json 格式。

在图 6-32 中，使用 LabelImg 对图像中的汽车进行标注。

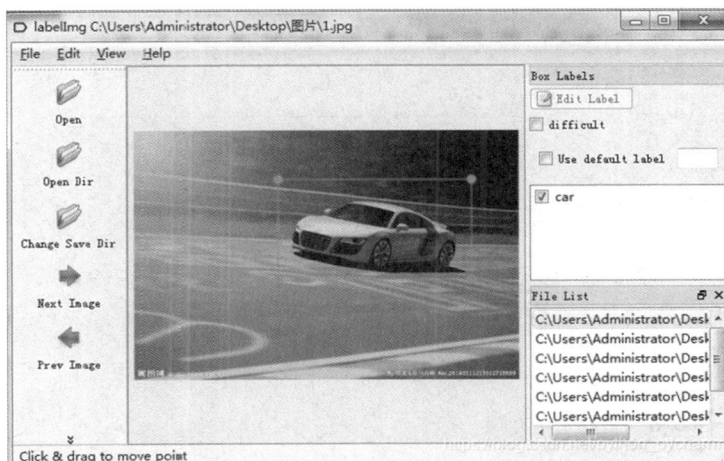

图 6-32　标注图像

操作步骤如下。

（1）单击"Open"按钮，打开图像文件。

（2）单击"Create Rectbox"按钮，创建矩形选框。

（3）输入类名"Car"。

（4）单击"Change Save Dir"按钮，指定文件夹，单击"Save"按钮保存。

最后，在保存文件的路径下生成 xml 文件，xml 文件的名称和标注图像的名称一样，如果要修改已经标注过的图像，则 xml 文件中的信息也会随之改变。

6.2.5　数据清理工具——OpenRefine

OpenRefine 是一款免费的优秀的数据清理工具。它是开源的，由 Java 开发的可视化工具，支持全平台的操作，包括 Windows、Linux 和 macOS。这款工具能够帮助用户对计算机中的数据进行整理和清理，把杂乱的数据转换成整洁的电子表格形式，并提供查询、过滤、去重和分析等多种功能。用户可以将处理后的数据导出为多种格式的文件，如 CSV、

Excel 等。即使是没有编程或 SQL 背景的用户也能够轻松分析和处理大量数据。OpenRefine 工作页面如图 6-33 所示。

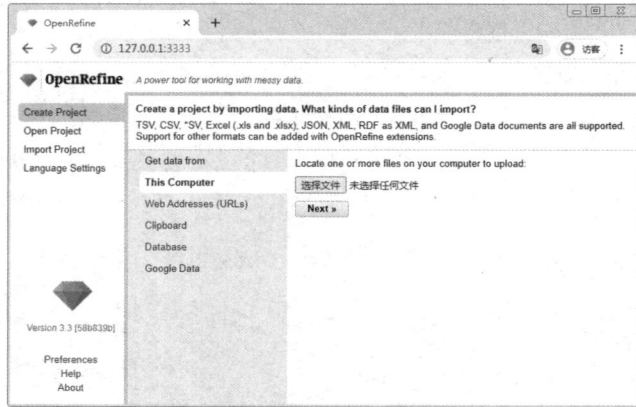

图 6-33　OpenRefine 工作页面

感兴趣的读者可以下载体验，在此不再赘述。

6.3　开发工具体验

6.3.1　天气预报

◆ 案例描述

当我们在手机端或网页端输入"天气预报"时，选择某个地区，就可以得到该地区的实时天气情况，如图 6-34 所示。用户通过手机端或网页端的这些功能可以了解当前的天气状况是否适宜出行，以及空气质量是否达到健康标准等。

图 6-34　网页端查看天气预报

网页端的天气预报服务为用户提供了方便快捷的天气查询和预报功能。用户只需在浏览器中输入相关的关键词或打开相应的网页，就可以获取所需的实时天气数据，如图 6-35 所示。这些数据包括当前的温度、湿度、风速、降水量等基本气象要素，以及未来几天的天气状况、温度变化趋势等详细信息。

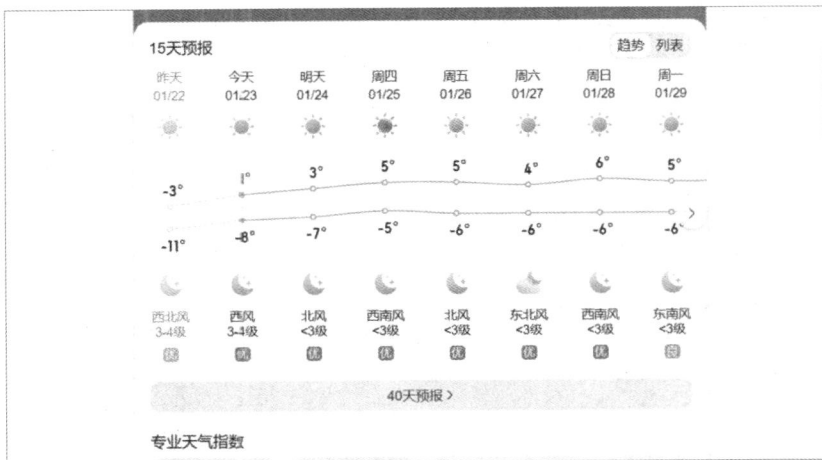

图 6-35　实时天气数据

用户可以随时随地通过浏览器访问这些服务，无须下载安装任何应用程序，极大地方便了用户的使用。此外，网页端天气预报服务还提供了一些附加功能，如天气预警信息、空气质量指数等，如图 6-36 所示。

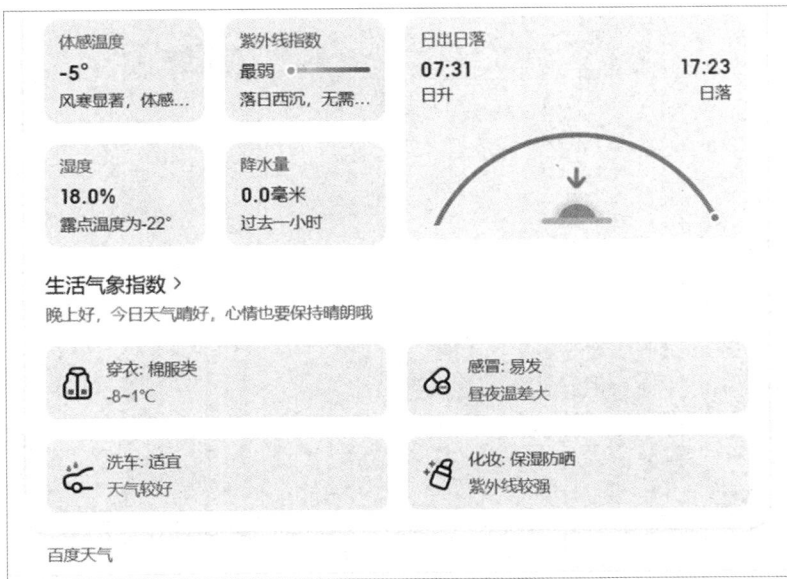

图 6-36　天气预报附加功能

这些数据以直观的交互界面和不同风格的图表展示天气情况，对计划出行、户外活动的人们来说非常有用。

随着大数据、人工智能、互联网应用的普及，人们对信息的表现形式有了更高的要求，随之诞生了数据处理过程中的各种开发工具及综合应用。

下面给出实现"天气预报查询"功能的交互页面和代码。通过完成任务，实现天气预报查询功能，帮助读者进一步理解如何通过 Qt Designer 设计天气预报查询的交互页面，并使用 Python 编写代码实现查询功能。

本案例的主要任务：天气预报查询，如图 6-37 所示，用户可以在该页面中选择城市，单击"查询"按钮，显示该城市的天气信息；单击"清空"按钮，清除天气信息。

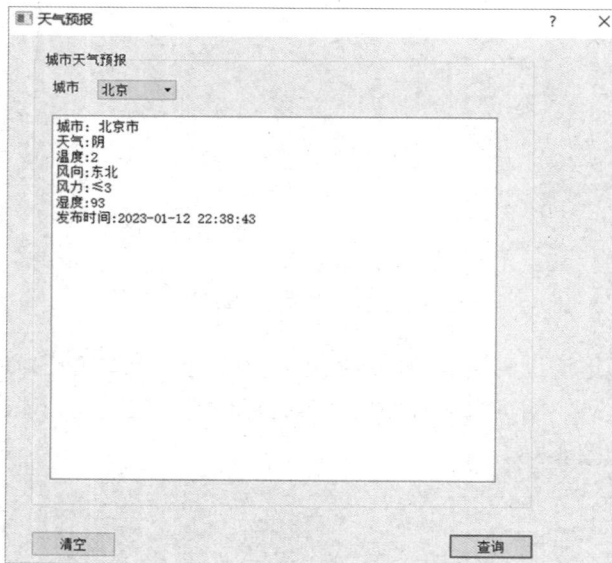

图 6-37　天气预报查询交互页面

◈ 案例实现

（1）启动 PyCharm。

（2）创建项目。

（3）新建 Python 文件，输入如下代码。

```python
from PyQt5 import QtWidgets, QtCore
# from PyQt5.QtWidgets import *
import sys
import requests
from PyQt5.QtWidgets import QApplication, QDialog


class Ui_Dialog():
    def setupUi(self, Dialog):
        Dialog.setObjectName("Dialog")
```

```python
        Dialog.resize(688,688)  # 窗口大小
        self.groupBox = QtWidgets.QGroupBox(Dialog)
        self.groupBox.setGeometry(QtCore.QRect(30,20,551,511))
        self.groupBox.setObjectName("groupBox")
        self.label_2 = QtWidgets.QLabel(self.groupBox)
        self.label_2.setGeometry(QtCore.QRect(20,30,31,16))
        self.label_2.setObjectName("label_2")
        self.comboBox = QtWidgets.QComboBox(self.groupBox)
        self.comboBox.setGeometry(QtCore.QRect(70,30,87,22))
        self.comboBox.setObjectName("comboBox")
        self.comboBox.addItem("")
        self.comboBox.addItem("")
        self.comboBox.addItem("")
        self.comboBox.addItem("")
        self.comboBox.addItem("")
        self.comboBox.addItem("")
        self.textEdit = QtWidgets.QTextEdit(self.groupBox)
        self.textEdit.setGeometry(QtCore.QRect(20,70,491,411))
        self.textEdit.setObjectName("textEdit")
        self.queryBtn = QtWidgets. QPushButton(Dialog)
        self.queryBtn.setGeometry(QtCore.QRect(490,560,93,28))
        self.queryBtn.setObjectName("queryBtn")
        self.clearBtn = QtWidgets.QPushButton(Dialog)
        self.clearBtn.setGeometry(QtCore.QRect(30,560,93,28))
        self.clearBtn.setObjectName("clearBtn")
        self.retranslateUi(Dialog)
        self.clearBtn.clicked.connect(Dialog.clearText)  # 对应后面的方法名
        self.queryBtn.clicked.connect(Dialog.queryweather)
        QtCore.QMetaObject.connectSlotsByName(Dialog)

    def retranslateUi(self, Dialog):
        _translate = QtCore.QCoreApplication.translate
        Dialog.setWindowTitle(_translate("Dialog", "Dialog"))
        self.groupBox.setTitle(_translate("Dialog", "城市天气预报"))
        self.label_2.setText(_translate("Dialog", "城市"))
        self.comboBox.setItemText(0,_translate("Dialog", "北京"))
        self.comboBox.setItemText(1,_translate("Dialog", "苏州"))
        self.comboBox.setItemText(2,_translate("Dialog", "上海"))
        self.comboBox.setItemText(3,_translate("Dialog", "天津"))
        self.comboBox.setItemText(4,_translate("Dialog", "清远"))
        self.comboBox.setItemText(5,_translate("Dialog", "佛山"))
```

```
        self.queryBtn.setText(_translate("Dialog", "查询"))
        self.clearBtn.setText(_translate("Dialog", "清空"))


    class MainDialog(QDialog):
        def __init__(self, parent=None):
            super(QDialog, self).__init__(parent)
            self.ui = Ui_Dialog()
            self.ui.setupUi(self)

        def queryweather(self):
            cityName = self.ui.comboBox.currentText()
            citycode = self.getCode(cityName)
            r = requests.get("http://t.weather.soj***.com/api/weather/city/{}".
format(citycode))
            print(r.status_code)
            print(r.json())
            if r.status_code == 200:
                city = r.json()['cityInfo']
                data0 = r.json()['data']
                data = data0['forecast'][0]
                weatherMsg = '城市: {}\n天气:{}\n最高温度:{}\n最低温度:{}\n风向:{}\n风
力:{}\n湿度:{}\n空气质量: {}\n发布时间:{}\n'\
                .format(city['city'],data['type'],data['high'],data['low'],data
['fx'], data['fl'], data0['shidu'], data0['quality'], data['ymd']+data['week'])
            else:
                weatherMsg ='天气查询失败, 请稍后再试!'
            print(weatherMsg)
            self.ui.textEdit.setText(weatherMsg)

        def getCode(self, cityName):
            cityDict = {"北京": "101010100",
                        "苏州": "101190401",
                        "上海": "101020100",
                        "天津": "101030100",
                        "广州": "101280101",
                        "清远": "101281301",
                        "佛山": "101280800"
                        }
            return cityDict.get(cityName)

        def clearText(self):
```

```
        self.ui.textEdit.clear()

if __name__ == '__main__':
    myapp = QApplication(sys.argv)
    myDlg = MainDialog()
    myDlg.setWindowTitle('天气预报')
    myDlg.show()
    sys.exit(myapp.exec_())
```

（4）运行程序，即可得到如图 6-37 所示的结果。

6.3.2　某购物平台数据采集与分析

使用 Power BI 对当当网上的图书信息进行采集、清洗、建模及可视化展示。

1．使用 Power BI 获取数据

进入 Power BI 软件使用页面，打开"获取数据"对话框，如图 6-38 所示，在常用数据源列表中选择"Web"选项，在 URL 中输入数据源所对应的网址，就可以得到如图 6-39 所示的畅销图书数据。

图 6-38　"获取数据"对话框

图 6-39　畅销图书数据

2．使用 Power Query 编辑数据

使用 Power Query 编辑数据。使用弹出菜单中的选项如删除、拆分列、重命名、更改类型、替换、排序等对数据进行转换。畅销图书数据转换结果如图 6-40 所示。

图 6-40　畅销图书数据转换结果

3. 数据可视化

根据需求，制作出对应的图表，如图 6-41 和图 6-42 所示。

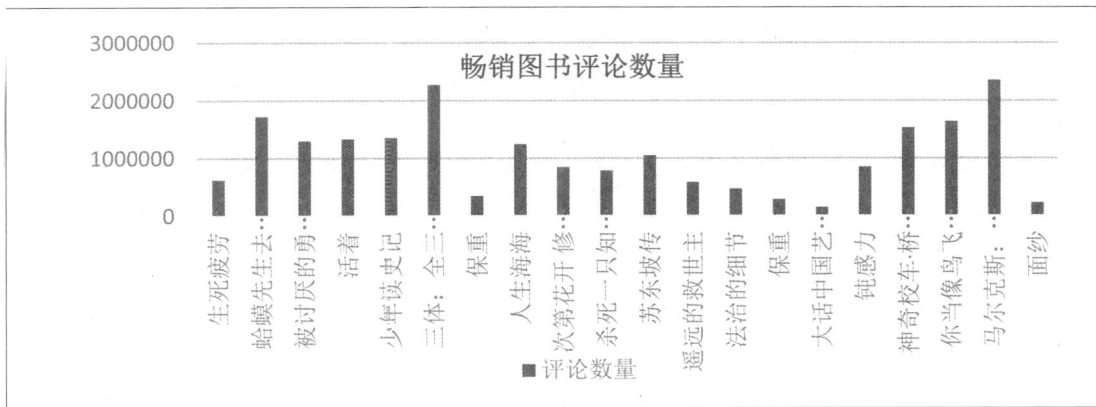

图 6-41 畅销图书评论数量

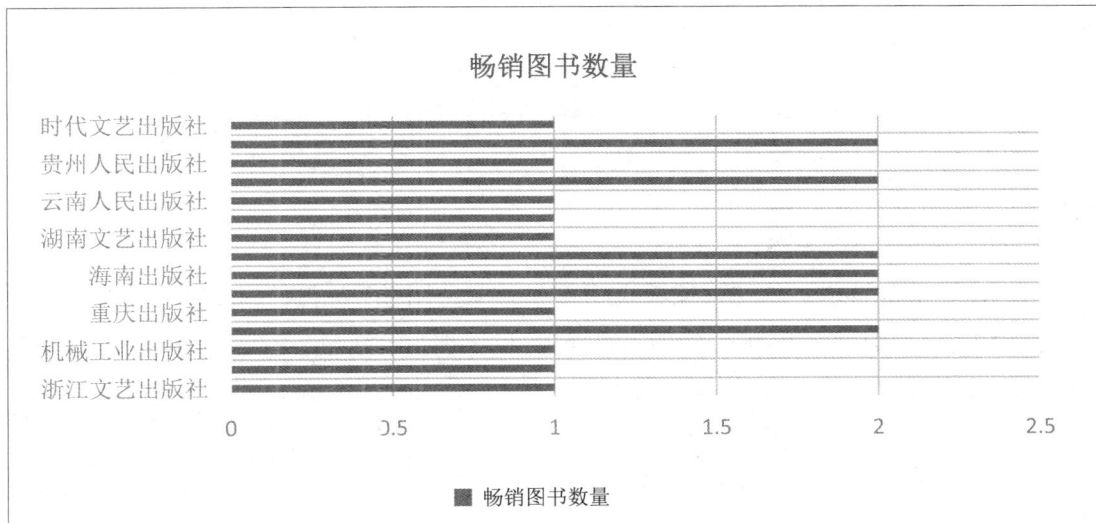

图 6-42 出版社畅销图书数量

6.4 本章总结

本章主要介绍了人工智能应用开发环境 PyCharm 和 Anaconda，以及人二智能领域常用的工具，包括数据采集工具——八爪鱼、数据分析和共享工具——Power BI、页面设计工具——Qt Designer、数据标注工具——LabelImg、数据清理工具——OpenRefine 的安装及使用。通过天气预报和购物平台数据分析两个案例，让我们体验并掌握了开发工具的使用。

【思政课堂】数据分析的重要性

数据分析是指根据特定的数据分析原理和方法，利用数据对某个事物进行全面研究、分析和解释的过程。这个过程旨在揭示事物的现状、存在的问题、产生的原因、本质的特征及发展变化的规律。通过这些分析，可以得出相应的结论，为决策者提供一个科学、严谨的决策基础，并为解决问题或改进情况提供具体的建议和解决方案。

数据分析的数学基础在 20 世纪初期就已确立，但直到计算机的出现才使得实际操作成为可能，并使得数据分析得以推广。数据分析是数学与计算机科学相结合的产物。

本章习题

一、选择题

1. PyCharm 是（　　　）。

    A．Python IDE　　　　B．编程软件　　　　C．图像处理软件　　D．视频编辑软件

2. Anaconda 是一个开源的（　　）发行版本，其包含 conda、Python 等 180 多个科学包及其依赖项。

    A．Python　　　　　　B．Java　　　　　　C．C++　　　　　　　D．Authorware

3. Power BI 商业分析工具支持各种本地（　　）、CSV、文件夹等，支持 Oracel、MySQL 等各类数据库，支持由表格构成前端的 Web 等。

    A．Excel　　　　　　B．Word　　　　　　C．PowerPoint　　　D．以上都是

4. Qt Designer 是（　　）。

    A．Qt 设计师　　　　B．图像处理器　　　C．图像采集器　　　D．以上都是

5. Power BI 包含（　　）、在线 Power BI 服务和移动端 Power BI 应用。

    A．Power BI Desktop　　　　　　　　　　B．Oracel

    C．MySQL　　　　　　　　　　　　　　D．Web

6. 数据标注的类型通常包括（　　）、语音标注、文本标注、视频标注等。

    A．文字标注　　　　B．图像标注　　　　C．语言标注　　　　D．分词标注

7. 标注的形式有（　　）、3D 标注、文本转录、图像打点、目标物体轮廓线等。

    A．标注画框　　　　B．2D 标注　　　　C．语音转写　　　　D．分词标注

8.（　　）是一个开源的图形图像注释工具，图形页面使用 PyQt，注释采用 Pascal VOC 格式，并保存为 xml 文件。

　　A．Power BI　　　　B．Anaconda　　　　C．LabelImg　　　　D．Python

9.数据清洗方法有分箱法、（　　）、回归法。

　　A．缺失值处理　　　B．聚类法　　　　C．梯度下降　　　　D．分类

10.（　　）不是数据可视化工具。

　　A．Excel　　　　　B．Power BI　　　　C．matplotlib　　　　D．Photoshop

二、简答题

1．人工智能常用的工具软件有哪些？

2．什么是数据标注？

3．请使用八爪鱼采集京东中有关商品信息，并用 Excel 进行分析。

4．请使用 LabelImg 对 20 张猫狗图像进行标注。

5．请使用 Power BI 对当当网上的畅销图书信息进行采集、清洗、建模及可视化展示。